河南师范大学学术专著出版基金资助

和你讲讲鲤

历史悠久的中国鲤鱼文化

于瑞哲　张玉茹　聂国兴　等◎编著

中国农业出版社
农村设物出版社
北　京

图书在版编目（CIP）数据

和你讲讲鲤：历史悠久的中国鲤鱼文化 / 于瑞哲等编著 . —北京：中国农业出版社，2023.5

ISBN 978－7－109－30096－5

Ⅰ. ①和… Ⅱ. ①于… Ⅲ. ①鲤—文化研究—中国 Ⅳ. ①S965.116

中国版本图书馆 CIP 数据核字（2022）第 180742 号

中国农业出版社出版

地址：北京市朝阳区麦子店街 18 号楼

邮编：100125

责任编辑：王金环　　文字编辑：耿韶磊

责任校对：吴丽婷

印刷：北京中科印刷有限公司

版次：2023 年 5 月第 1 版

印次：2023 年 5 月北京第 1 次印刷

发行：新华书店北京发行所

开本：700mm×1000mm　1/16

印张：11.25

字数：184 千字

定价：78.00 元

编 著 者 名 单

于瑞哲　张玉茹　聂国兴　智浩翔

前　言 PREFACE

鲤，从字源上看，由鱼与里组成，“里”在《说文解字》中释为“居也”，即民居、田园的意思，鲤即在家园养殖的鱼。春秋末年范蠡所著《陶朱公养鱼经》中明确记载了鲤的养殖方法，表明鲤很早就是人类饲养的鱼类之一。鲤，有“国鱼”之称，在中国人心中是吉祥、富余、美好的象征。随着社会的发展和时代的变迁，鲤被赋予了丰富的历史文化内涵，它已不单单是一种鱼，更是一种文化符号，是中国五千年文化传承的载体之一。

挖掘和研究鲤文化，可展现其丰厚的历史积淀和多姿多彩的文化风貌，为鲤文化的继承、传播与创新做出有益探索。同时，可拓宽我国渔文化研究的范围，丰富渔文化研究的内容。然而，现代社会中，公众对鲤文化丰富的内涵仍然不够了解。笔者曾设计关于中国传统鲤文化认知度的调查问卷并通过网络向社会发放667份，发现针对“您了解中国传统的鲤文化吗”一问，选择“了解一些”和“不太了解”的分别有298份和254份，分别占总调查问卷的44.68%和38.08%，选择“非常了解”的仅有44份，仅占6.60%。因此，亟须相关的研究来大力挖掘、传承和弘扬中国传统文化中的鲤文化。

本书以历史、诗词、绘画、民族、民俗、功能和产业应用等为切入点，挖掘鲤文化元素，剖析相关文化现象，立足阐释文化本质，传承文化精神，具有鲜明的时代价值、理论价值和实践价值。可供水产类专业的师生、水产学研究人员、渔业从业人员和渔文化研究者参考。

全书包括鲤概况、源远流长的养鲤史、古代艺术之鲤韵、生活百态之鲤风、特色鲤文化、鲤文化之新生共6个部分的内容。

第一章介绍鲤的形态及特性、鲤养殖现状和养殖技术。

第二章从捕捞和养殖两个方面对鲤的养殖历史进行概述。捕获方法包括徒手摸鱼、竭泽而渔、器具捕鱼等；在鲤养殖方面，范蠡著的《陶朱公养鱼经》是中国乃至世界上最早的养鱼著作，对养鲤有突出贡献；除此之外，本章还依据现有文物对池塘养鲤进行了详细描述。

第三章对鲤的艺术形态进行详细阐述，包括鲤在诗词、绘画及其他艺术门类中的表现形式和文化内涵。例如，在诗词中，鲤是吉祥富余的象征、敬哺之礼的体现、人际和谐的纽带和金榜题名的祈盼；在绘画艺术中，鲤体现着人们对天人关系的探索、孝德精神的传承和鱼乐思想的主题。同时，鲤挂饰也是古代常见的装饰形象。

第四章展示了人们日常生活中与鲤有关的民风民俗与工艺形象。

第五章着重选择最具特色的鲤文化进行阐述，包括鲤鱼灯舞及浦源鱼祭文化。

第六章探讨了鲤文化在休闲渔业、文创产业、餐饮业和服饰产业中的应用。

由于编者水平所限，书中不足之处在所难免，敬请广大读者批评指正。

编　者

2022年10月

目　录 CONTENTS

第一章　鲤概况

第一节　形态及特性

鲤（*Cyprinus carpio*），别名鲤拐子、鲤子、毛子、红鱼，属于硬骨鱼纲、鲤科。原产于亚洲，后被引进欧洲、北美以及其他地区。鲤体长而侧扁，腰腹部圆，头较小；口下位，呈马蹄形；有两对须；背部稍隆起，有一个背鳍，背鳍较长，最后一根不分枝鳍条为硬刺，有的后缘还有锯齿；尾鳍深叉形；背部呈灰黑色，腰腹部淡纯白色，尾鳍近橙黄色，下侧鲜红色，体色因产地不同而各有差异[①]（图1－1）。经人工培育的鲤品种繁多，有红鲤、团鲤、锦鲤、芙蓉鲤、荷包鲤等。

图1－1　鲤

鲤是底层鱼，常单独或成小群地生活于平静且水草丛生的泥底的池塘、湖泊、河流中；适应能力强，耐寒、耐碱、耐低氧，对水质要求不高，能在各种水体中生

---

① 陈宜瑜，《中国动物志 硬骨鱼纲 鲤形目（中卷）》，科学出版社，1998年，第1页。

活；最适宜水温在 20～32 ℃，最适宜 pH 是 7.5～8.5。鲤为杂食性鱼类，可以软体动物、底栖生物、藻类及水生植物等为食。此外，它们还能从池塘底泥中掘取一些食物，但掘寻食物时常把水搅浑，对其他动植物产生不利影响[①]。

作为我国的传统养殖品种，鲤具有很高的食用价值和经济价值。营养价值上，鲤的蛋白质含量占鱼体的 14.8%～20.5%，并富含氨基酸、脂肪酸、矿物质、维生素 A 和维生素 D 等人体所需的营养成分。研究表明，每百克鲤可食用部分含糖类 0.2 克，钙 28.0 毫克，磷 175～407 毫克，铁 0.5～1.6 毫克等[①]。鲤富含多聚不饱和脂肪酸（polyunsaturated fatty acids，PUFAs），食用鱼肉中的 PUFAs 可以降低冠心病和缺血性中风的风险，并对预防动脉硬化、冠心病等疾病有重要作用。

随着生物工程技术的迅猛发展，尤其是快速生长的转基因鲤的诞生，鲤的生长速度可提高至 140%以上，鱼肉味道也更加鲜美，为鲤的养殖开拓了更为广阔的前景。

第二节　养殖现状

鲤是我国分布较广、品种较多、养殖历史较悠久、产量较高的淡水鱼类之一。近年来，随着我国经济水平的不断提高，人们对鲤需求不断增长，据历年《中国渔业统计年鉴》，2012—2021 年，我国鲤养殖产量整体呈现增长态势，仅 2016 年，全国鲤养殖产量就高达 349.8 万吨（图 1－2）。

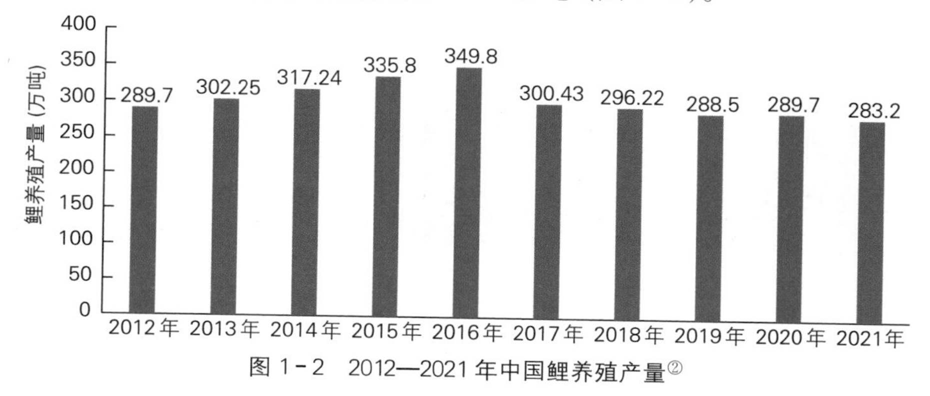

图 1－2　2012—2021 年中国鲤养殖产量[②]

① 王立斌，《鲤鱼的养殖与经济价值》，《商场现代化》，2008 年，第 31 期，第 328 页。
② 数据来自历年《中国渔业统计年鉴》。

鲤在我国被广泛养殖，尤其在黄河流域各省份、江苏北部及辽宁地区产量较大。2021 年，辽宁、黑龙江和山东等地鲤养殖产量排名位居全国前十（图 1-3）。其中，辽宁省的鲤养殖产量位居全国首位，高达 32.05 万吨，黑龙江省鲤养殖产量达 22.73 万吨，居第二；山东省鲤养殖产量排名第三，为 21.26 万吨。

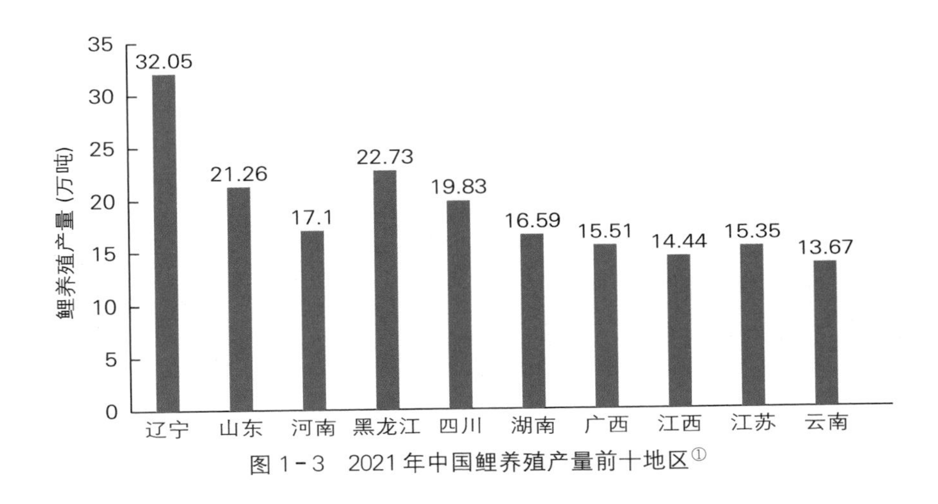

图 1-3　2021 年中国鲤养殖产量前十地区[①]

第三节　养殖技术

最早的鲤养殖方式是不加选择地进行池塘混养，人们将在天然水域中捕捞来的鱼苗全部投进封闭的池塘，任其自由生长。但这样随意的放养方式，鲤常常出现生长快慢不一的情况，还有被其他肉食性水产动物吞食的风险。随着人们对社会认识的提高与实践经验的增长，这种混养方式逐渐被淘汰。在探索的过程中，人们发现鲤不仅生长快，能在池塘中产卵孵化繁殖下一代，而且味道好，于是就出现了单一品种养殖的养鲤业[②]。

目前，鲤的养殖模式以池塘养殖和网箱养殖为主[③]。池塘养殖（图 1-4）是利

① 数据来自历年《中国渔业统计年鉴》。

② 施鼎钧，《我国古代的养鱼业》，《中国水产》，1982 年，第 1 期，第 30-31 页。

③ 卢红，王玉新，郑玉珍，等，《黄河鲤池塘高效生态养殖技术》，《河北渔业》，2013 年，第 10 期，第 38-40 页。

用池塘进行养鱼生产和繁育的技术与管理工作。池塘养殖是我国历史上最早的一种水产养殖方式，至今已有 3 000 多年的历史。

图 1-4　河南省王村镇万亩[①]水产养殖基地（聂国兴摄于河南省荥阳市王村镇）

网箱养殖起源于 19 世纪末柬埔寨等东南亚国家，后传往世界各地。20 世纪 70 年代，我国开始了网箱养殖，由于其具有投资少、产量高、可机动、见效快等特点，因此在短短的几十年间，在全国各地的湖泊及水库蓬勃发展起来。

随着国民经济的快速发展，人们尤为关注食品安全问题及环境问题，在此背景下，淡水养殖产业中绿色生态养殖技术应运而生。绿色生态养殖技术即根据已经成熟的养殖技术和相关条件，结合养殖水产动物周边环境以及其具有的生物特性，通过模拟水产动物原生活环境来进行的低消耗、高效率的创新养殖方式。这种养殖技术的核心理论就是最大限度地还原养殖水产动物的自然生存环境，从水体含氧量、营养成分、微生物群落组成、水体生物分层等方面入手，遵循目标水产动物自身原有的生活状态，促使其养殖环境向野生环境靠拢，在提高自身品质的同时，加速其成长和繁衍速度，利用周围环境的力量，提高水产动物自身的病害抵抗能力，减少养殖人员的管理工作量，大大提高水

① 亩为非法定计量单位。1 亩=1/15 公顷。——编者注

产养殖的经济效益。实践证明，绿色生态养殖技术可以有效提高鲤产品质量，减少淡水养殖业环境负担，进而引导鲤产业实现可持续发展，是未来鲤养殖业发展的大方向[①]。综合池塘养殖、网箱养殖及生态养殖技术，鲤的养殖技术主要包括鱼种选择、水域选择及水质调控、饲养管理和病害管理几个方面。

一、鱼种选择

选用优质良种是保证养殖高产高效的必要条件。要选用具有资质的水产良种场产的黄河鲤良种和配养鱼类良种，以保证品种的纯度。鱼种选择要求规格整齐、无病无伤、体质健壮、体色鲜艳，并对外界刺激反应敏捷。

二、水域选择及水质调控

良好的环境基础是保证绿色生态养殖技术成功的前提条件。水体是鱼类生活的环境。水质清新、溶解氧充足的生活环境有利于黄河鲤的正常摄食、代谢，可降低发病率，降低饵料系数，提高生长速度。养殖的水域应无水草、无杂物，水面平稳，水流缓慢，环境安静，要具有方便的水陆交通条件。水域溶解氧要求在每升 5 毫克以上。水体透明度大于 70 厘米，应有微水流，流速每分钟 0.1～0.2 米为宜。良好的水质标准为："肥、活、嫩、爽"，即池水透明度一般在 25～40 厘米，pH 7.0～8.5，溶解氧含量每升 5～8 毫克[②]。为了保证水体溶解氧含量，池塘养殖应适当配备一定的机械设备，如增氧机、投饵机、潜水泵及发电机组，以保证鲤的正常生长。

水质调控是池塘高效生态养殖技术中的重要环节。在池塘进行养殖工作时，除了模拟野生环境之外，还应注意养殖池塘与天然环境的水质差异。池塘自身具有一定的调节作用，但是只靠池塘的自身调节作用是远远不够的，因此养殖人员要时刻关注池塘的水质变化，对水质进行一定的干预和调节。水是水产动物生存的直接环境，水质的好坏直接关系到水产动物的生存情况，所以对

---

① 张润梓，《绿色生态养殖技术在淡水养殖中的应用分析》，《农业开发与装备》，2020 年，第 8 期，第 107+109 页。

② 邵磊，《关于鲤鱼网箱养殖技术综述》，《科技信息》，2012 年，第 25 期，第 414－424 页。

水质进行科学合理的改善，必要时进行科学严谨的试验，以保证水质能达到水产动物的生存要求，从而使水产动物的质量或产量得到提升。可控制浮游生物的总量，有效净化水体：高温季节在水面一角适量移植水葫芦或浮萍等水生植物，覆盖面积一般为池塘面积的 1/10 左右。微生态制剂能够有效降低水中亚硝酸盐、氨氮、硫化氢等有害物质的浓度，抑制有害菌的生长繁殖，促进水质良性循环，应长期、定期使用。一般每隔 20 天左右施用 1 次活菌剂（如光合细菌、EM 菌等），将其稀释后全池均匀泼洒。水深 1 米施用量，光合细菌每公顷约为 45 千克，EM 菌液每公顷约为 15 千克。活菌剂禁止与抗生素等有杀菌作用的药物同时使用，两者施用间隔为 1 周，且以晴天上午施用为宜[①]。

三、饲养管理

饵料是鱼类生长、发育、繁殖的物质基础和能量来源。饵料营养价值的高低和投喂量是决定鱼类生长速度和体质强弱的主要因素。因此，应选用规模大、信誉好的正规企业生产的符合国家标准的优质全价配合饵料，饵料的粒径要与鱼体大小相适应。

采用驯化投饵的方法。在鱼种放养的第 2～3 天开始投饵驯化。投喂时可采用“少—多—少”的方式，即开始投喂时量要少，注意敲出某一固定声响；待形成抢食场面后，投喂量增多；然后抢食场面减弱，则减少投喂量，直至 80%的鱼离开食场为止。驯化约 1 周后形成条件反射，转入正常投喂。此时，可使用投饵机代替人工投喂。饵料投喂要坚持“四定”原则，即定时、定位、定质、定量。水温在 12～22 ℃时，每天投喂 1～2 次；水温在 23 ℃以上时，每天投喂 3～4 次。日投喂 3 次时，可分别在 8:00、12:00、17:00 投喂；日投喂 4 次时，可分别在 8:00、11:00、14:00、17:00 投喂。投喂量＝存塘鱼体重×投饵率。其中，投饵率分别是：3—4 月，1%～4%；5—9 月，5%～8%；10—11 月，1%～5%。一般每 7～10 天调整 1 次投喂量，每月测量 1 次鱼体规格，估算存塘量，为科学投饵提供依据。同时，根据“四看”原则，即看季

① 王玲芳，《水产品质量安全要求越来越严，生态养殖技术或成“破局”关键》，《当代水产》，2020 年，第 9 期，第 89+91 页。

节、看水色、看天气、看鱼类活动及摄食情况，灵活调整投喂量。每次投喂时间为30～50分钟，以鱼吃八成饱为宜。坚持专人值班，每天早、中、晚巡塘，黎明前观察鱼类有无浮头现象，浮头的程度如何；日间可结合投饵和测水温等工作，检查鱼活动和吃食情况；在高温季节，天气突变时，还应在半夜前后巡塘，防止泛池。观察水色变化、鱼类活动、摄食情况、有无病害发生，及时调整投喂量和调节水质。定期检查鱼的生长情况，发现问题，及时处理。建立池塘日志，将每天的天气、气温、水温、投饵、换水、施药等情况做好详细记录，以便总结经验。

四、病害管理

尽量避免鱼体受伤，生产工具使用前或使用后进行消毒或暴晒，鱼苗、鱼种下池前进行消毒。间隔10～15天交替使用含氯制剂和生石灰，化浆后泼洒于养殖水体，或采用食台药物挂袋的方法。池塘挂袋的用量是全池泼洒量的20%～30%。

在预防上，采取综合防治的方法：

（1）彻底清塘，在放养前彻底清塘。最好用生石灰清塘，每亩用量150千克，化浆趁热全池泼洒。

（2）鱼种消毒，鱼种放养前，可用5%的食盐水溶液浸泡鱼种5分钟左右，待有30%的被浸泡鱼翻肚时放入池塘。

（3）饲料消毒，青杂饲料最好用0.7毫克/千克的敌百虫溶液浸洗后再投喂。

（4）食场消毒，在鱼吃食前30分钟，将适量90%敌百虫加0.2毫克/千克的硫酸铜硫酸亚铁合剂溶水后泼洒在食场周围。该配方也可用于挂袋的方法（把药分成3～5小包分别挂在食场周围）消毒。

（5）限制采食量，一般喂到八成饱（即仍有20%的鱼还想摄食）即可。

（6）池水消毒，6—8月，每半个月消毒1次。常用药物及其用量：漂白粉1.5毫克/千克，硫酸铜硫酸亚铁合剂0.7毫克/千克，晶体敌百虫0.7毫克/千克，生石灰20毫克/千克，以上各种药物交替使用，效果更好[①]。

---

① 上官奕长，《兴国红鲤的养殖技术》，《安徽农学通报（下半月刊）》，2012年，第8期，第134-135页。

严禁使用国家明令禁止的药物，控制使用允许用药的品种，选用低毒、高效、无残留的绿色环保药品，慎用抗生素，推荐使用微生态制剂和中草药。外用泼洒及内服药品的用法、用量要符合《无公害食品　渔用药物使用准则》（NY 5071—2002）的要求，严格执行休药期制度，确保鲤的产品质量[①]。

① 卢红，王玉新，郑玉珍，等，《黄河鲤池塘高效生态养殖技术》，《河北渔业》，2013 年，第 10 期，第 38 - 40 页。

第二章 源远流长的养鲤史

第一节 先人的智慧——令人惊叹的捕获术

在农耕文明之前，原始社会先民傍水而居，在江河湖海之畔捕鱼而食。旧石器时代中期，距今12万～10万年，位于山西省襄汾县的“丁村人”已捕获到鲤、鲩和青鱼等鱼类。旧石器时代晚期（距今约3万年）的北京房山周口店龙骨山“山顶洞人”遗址中，还发现了鲤科鱼类的脊椎骨（图2-1）、大胸椎和尾椎化石，以及可能从外地交换来的厚蚌壳[①]。2008年，在河南上蔡县蔡国遗址，发现了罕见的周代渔猎聚落遗存，出土了有明显烧烤痕的鱼骨、禽骨和兽骨，还清理出一些刮鳞器、镞头、大小鱼钩等小件铜器和陶网坠、石斧等工

图2-1 鲤脊椎骨（复制品），原物于1933—1934年在北京房山周口店山顶洞出土（于瑞哲摄于中国国家博物馆）

---

① 张之恒，《中国考古通论》，南京大学出版社，1995年，第77-87页。

具，以及丰富的鬲、盆、罐、豆等陶器碎片[①]，展现了先民们的捕捞生产能力。

据考古资料及文字材料显示，我国古代已有多种捕鱼方法。

一、徒手摸鱼

徒手摸鱼是一种原始的捕鱼方法。在还未创造出生产工具的原始社会早期，先民们应多是以此法获得鱼类。《山海经·海外南经》记载了有关长臂人徒手捕鱼的传说：长臂国在其东，捕鱼水中，两手各操一鱼。一曰在焦侥东，捕鱼海中。[②] 意为长臂国在它（指焦侥国）的东面，当地人擅长在水中捕鱼，两只手能够各抓一条鱼。

现在，民间也有善于徒手捕鱼的人。鱼体表面有黏液附着，鱼极易逃脱，经验丰富的渔民总结出许多徒手摸鱼的技巧：①若在池塘或小河中，可用石块围起一个区域，搅动池水使水混浊，让鱼无法正常呼吸，趁机抓鱼，即“浑水摸鱼”的意思。②抓鱼时，双手虎口相对，一前一后，手掌靠近水底，五指张开，小心搜索，发现有鱼时逐步收缩包围圈，至有把握的距离时突然将鱼按住。对于较大的鱼，可以将手指伸进鱼嘴，或者扣住鱼鳃。一旦抓住鱼，就迅速将鱼抛到远离水源的地面上，以防鱼儿从手中滑走逃脱。

二、竭泽而渔

徒手摸来的鱼数量毕竟是有限的，为了获取更多的鱼，人们曾想出“竭泽而渔”的方法，即排尽湖中或池中的水来捕鱼。此法简便快捷，渔获丰盛，但很快人们就意识到了竭泽而渔带来的恶果。《吕氏春秋·孝行览》载：“竭泽而渔，岂不获得？而明年无鱼。”[③] 水体被抽干，就失去了渔获来源，眼前的渔

---

① 路萍，《上蔡县：蔡国聚落遗址考古发现罕见渔猎聚落遗存》，2008 年 1 月 25 日，中广网河南分网，http：//hn. cnr. cn/wh/200801/t20080125 _ 504688410. html。

② 《山海经》，方韬译注，中华书局，2009 年，第 182 页。《山海经》是中国先秦时期记载中国古代神话、地理、植物、动物、矿物、物产、巫术、宗教、医药、民俗、民族的著作，反映的文化现象地负海涵、包罗万象。

③ 《吕氏春秋译注》，张双棣等注译，北京大学出版社，2011 年，第 346 页。

获或能暂解一时之困，但明年就没有食物来源了。西汉初年刘安提出："故先王之法，畋不掩群，不取麛夭，不涸泽而渔，不焚林而猎……獭未祭鱼，网罟不得入于水……鱼不长尺不得取，彘不期年不得食。"[①] 用这些规定来保护生态环境，维持生态平衡。因此，"竭泽而渔"现在也用来比喻目光短浅，有只顾眼前利益，不顾长远打算之意。

三、器具捕鱼

随着生产能力的提高，人们慢慢制造出专门的工具用来捕鱼。唐代诗人陆龟蒙曾以《渔具诗并序》简要记述了唐代多种多样的渔具渔法："天随子渔于海山之颜有年矣，矢鱼之具，莫不穷极其趣。大凡结绳持纲者，总谓之网罟。网罟之流曰罛，曰罾，曰罺。圆而纵舍曰罩，挟而升降曰罱。缗而竿者总谓之筌。筌之流曰筒，曰车。横川曰梁，承虚曰笱，编而沉之曰箄，矛而卓之曰矠。棘而中之曰叉，镞而纶之曰射，扣而骇之曰桹，置而守之曰神，鲤鱼满三百六十岁，蛟龙辄率而飞去，置一神守之，则不能去矣。神，龟也。列竹于海澨曰沪（吴之沪渎是也），错薪于水中曰槮，所载之舟曰舴艋，所贮之器曰笭箵，其他或术以招之，或药而尽之，皆出于诗书杂传。及今之闻见，可考而验之，不诬也。今择其任咏者，作十五题以讽。噫！矢鱼之具也如此，予既歌之矣；矢民之具也如彼，谁其嗣之？鹿门子有高洒之才，必为我同作。"[②]

陆龟蒙根据自己多年垂钓江湖的经验，介绍了19种渔具和2种渔法，包括属于网罟之类的罛、罾、罺、罩；竹制的筒和车；可没入水的梁、笱、箄；矠、叉、射等尖状物；通过其他媒介物获鱼的桹、神、沪、槮之法；还有载人的舴艋，盛鱼的笭箵及以术、药诱鱼两种方法。其中"罛、罩、梁、笱"等器具名称大多是自春秋时期流传下来的，皆可以在《诗经》中考证，诸如"河水洋洋，北流活活。施罛濊濊，鳣鲔发发"[③]（《国风·硕人》），"南有嘉鱼，烝然罩罩"[④]

---

① 《淮南子校释》，张双棣撰，北京大学出版社，1997年，第1002页。

② 《全唐诗》，中华书局，1997年，第7183页。

③ 《诗经》，王秀梅译注，中华书局，2016年，第117页。

④ 《诗经》，王秀梅译注，中华书局，2016年，第357页。

(《小雅·南有嘉鱼》),“毋逝我梁,毋发我笱”[①](《国风·谷风》)等。经过漫长的渔业生产活动,时至今日仍可看到这些传统渔具,鱼钩、渔网仍然被广泛应用在生产劳动中,这些渔具彰显了我国先人的超凡智慧。四类最具代表性的器具如下。

(1)尖状器。原始捕鱼法就是用石刀(图2-2)、木棒敲击鱼类以获取。汾河流域的丁村人的石器主要有砍砸器、大三棱尖状器、刮削器等[②],其使用过的石器棱角至今还十分明显,再加上从砂砾中发现的鲤、鲩等鱼类化石,不难看出丁村人曾用石器捕鱼。另,《古今图书集成》中记载:“黄河急湍,渔人又无网罟之具,水涨时则持木棒伺河岸而击之,中者百或得一焉。”[③] 可见,在涨潮或者鱼群到浅滩产卵时,以木棒击之也可获得丰富的渔获。新石器时代灰窑田遗址出土了三块鱼头形蚌刀(图2-3),其因形状类似鱼头而得名,在顶蛳山文化中大量存在,鱼头处较为尖锐锋利,便于切割动物皮肉、可食植物茎叶等。鱼头形蚌刀的出现是顶蛳山先民们审美意识的体现,也可能与鱼的图腾崇拜有关,表达着古人类“万物有灵”的观念;还可能表达着顶蛳山先民们最原始的生殖崇拜信仰,他们祈求生产能够像鱼类旺盛的生殖力一样获得更大的丰收。

图2-2 石刀(于瑞哲摄于南阳博物馆)

① 《诗经》,王秀梅译注,中华书局,2016年,第69页。
② 张之恒,《中国考古通论》,南京大学出版社,1995年,第77页。
③ 《古今图书集成》,中华书局影印,第〇八八册,方舆汇编·职方典·卷三二三卷,第32页。

图 2-3　鱼头形蚌刀（于瑞哲摄于南宁博物馆）

（2）鱼镖与鱼镞。镞即箭头，鱼镖是一种在箭头上制出倒刺的箭，倒刺的功能是在射中鱼后能使鱼牢牢地挂在鱼镖上无法挣脱。原始社会遗迹中曾出土不少鱼镖，包括单边倒刺的和双边倒刺的。在陕西西安半坡村遗址出土的原始鱼镖就有双边倒刺的（图 2-4、图 2-5），后部还带有结节，应是为了便于系缚绳索。使用时将镖掷出，然后抓着绳索将镖收回。浙江省博物馆馆藏的战国

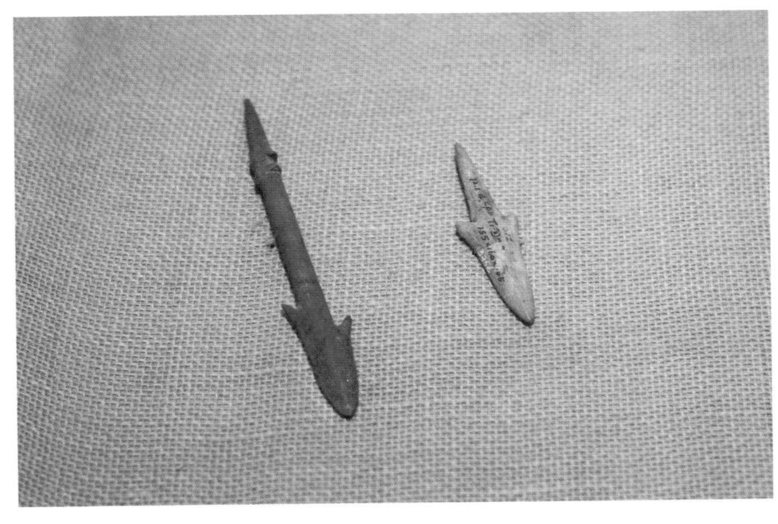

图 2-4　骨鱼镖（于瑞哲摄于西安半坡博物馆）

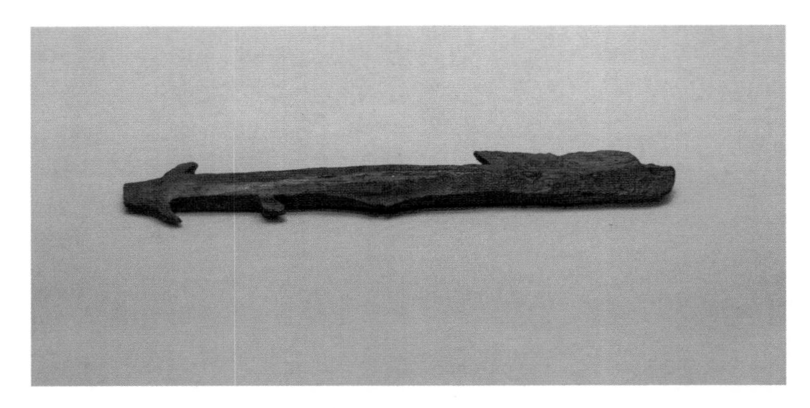

图 2-5　骨鱼镖（于瑞哲摄于中国国家博物馆）

青铜鱼镖则更加精致，镖头和倒刺十分尖利，还有系绳的环（图 2-6）。南阳出土的鱼镞包含扁平骨镞和骨镞等多种类型（图 2-7）。随着生活环境的安定和生活水平的提高，鱼叉逐渐发展为飞叉。飞叉捕鱼成为一种充满趣味与智慧、格调高雅、有益身心的文体活动。该娱乐活动需要用自身的技巧来调整飞叉的重心和速度，控制飞叉的起、落、转、合。

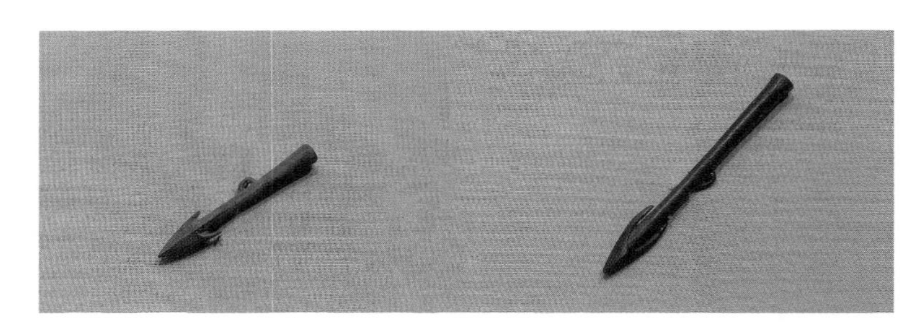

图 2-6　青铜鱼镖（白赛摄于浙江省博物馆）

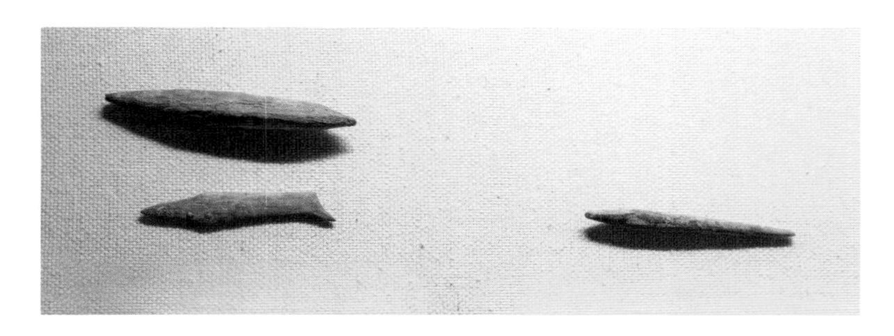

图 2-7　扁平骨镞（左）、骨镞（右）（于瑞哲摄于南阳博物馆）

(3) 钓具。我国用鱼钩捕鱼的历史悠久，在新石器时代的各类型遗址中多有骨鱼钩出土。起初鱼钩多为直钩，将兽骨两头磨尖，于中间部位系于藤蔓、肠衣或竹竿的一头，钓鱼者手拽藤蔓、肠衣或竹竿的另一头，钓鱼时便可用兽骨卡住鱼嘴。直钩俗称“卡子”，现在多为竹制，其制作过程是：先用刀把竹桠削成两头尖的竹针，然后弯成弓形，绑上绳线，尖端套上一节被热水烫过的芦苇筒，在芦苇筒中放入饵料稻谷，一个竹卡子就制作完成了（图 2－8）。当水里的鱼要吃竹卡子里的稻谷时，芦苇被咬破，弯曲的竹针就会被崩开变直而卡住鱼嘴，从而捕获鱼类。

图 2－8　竹直钩（聂国兴摄于河南省巩义市）

直钩钓到的鱼极易逃脱，为了提高捕获率，后来人们发明了弯钩。距今大约6 000年前的西安半坡遗址中的骨鱼钩似乎还保留着当时人类使用的痕迹（图 2－9 至图 2－11）。除此之外，辽宁省大连市长海县的大长山岛遗址一次就发现了 36 枚鱼钩，浙江象山塔山遗址、重庆中坝遗址、河南安阳殷墟遗址、河南洛阳二里头遗址等也均有早期鱼钩出土。随着生产工艺的发展，这些鱼钩已经是青铜制的和铁制的。春秋战国时期，鱼钩已十分精巧实用，其制作工艺与现代鱼钩十分接近。钩身一般呈弧形或三角形，钩尖锋利，有的还与倒刺巧妙结合，使鱼咬钩后更难逃脱（图 2－12）。北宋哲学家邵雍在《渔樵问对》中描述到竿钓由钓竿、钓线、浮子、沉子、钓钩、钓饵共 6 个部分构成，表明当时的鱼钩与近代竿钓的结构已经基本相同。

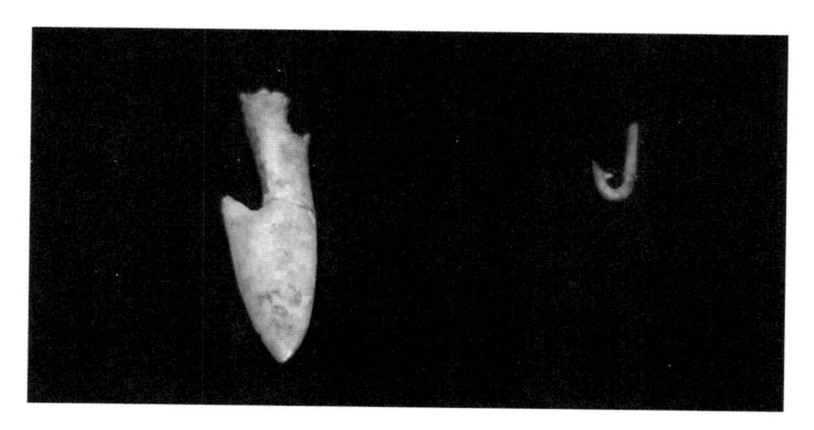

图 2-9　骨鱼钩（于瑞哲摄于西安半坡博物馆）

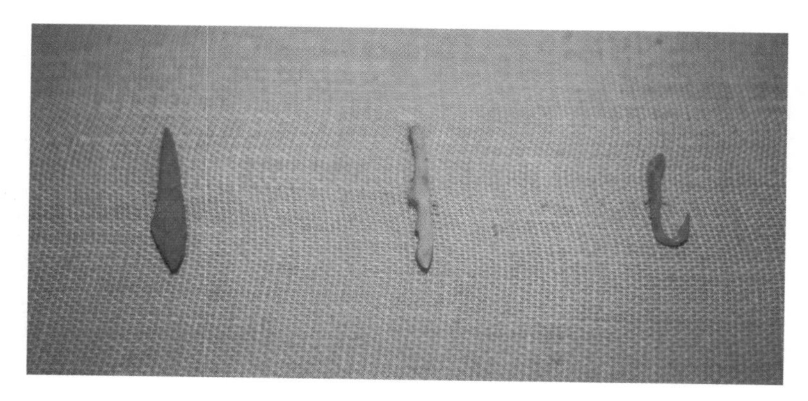

图 2-10　骨鱼叉、骨鱼钩（于瑞哲摄于西安半坡博物馆）

图 2-11　骨鱼钩及鲤科鱼胸椎骨（于瑞哲摄于西安半坡博物馆）

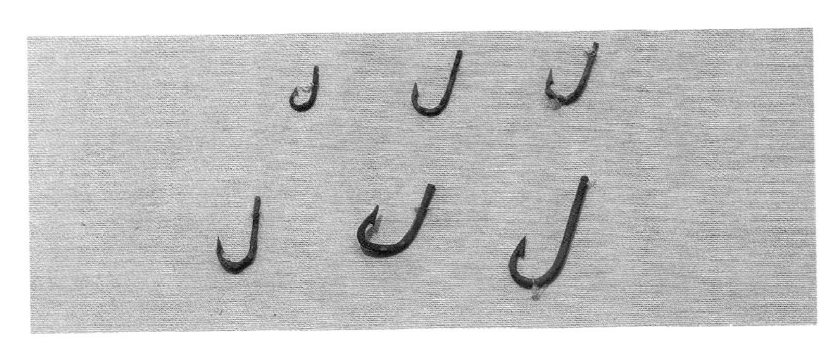

图 2-12 战国青铜钓钩（白赛摄于浙江省博物馆）

《诗经·国风·竹竿》中有目前已知最早关于垂钓活动的文字记载，“籊籊竹竿，以钓于淇。岂不尔思？远莫致之。”[①] 诗中描绘了远嫁他乡的女子回忆过去在淇水边钓鱼游玩的欢乐场景，可见先秦时期钓鱼活动不仅仅是一种生产方式，而且已具备娱乐功能。后来，钓鱼作为一种休闲活动广泛流行于文人雅客中。题为《捕鱼》的汉画像砖描绘出二人于桥上垂钓，水中数鱼游动的画面（图 2-13）。

图 2-13 汉画像砖：捕鱼。层叠起伏的山峦之中，一座拱桥飞架溪水之上，桥上二人垂钓，桥下二人泛舟捕鱼，水中数鱼游动（于瑞哲摄于南阳汉画馆）

① 《诗经》，王秀梅译注，中华书局，2016 年，第 123 页。

不少文人不吝笔墨，为垂钓倾情赋诗作画，诸如明代吴彬《柳溪垂钓图》（图 2-14）、明代沈周《秋江垂钓图》（图 2-15）和清代顾绣《渔樵耕读图轴》（图 2-16）都是垂钓作品中的佳作。许多诗歌也对垂钓的场景、钓者的心境进行了不同角度的描绘。如白居易《渭上偶钓》写了在渭水河畔钓鲤的情景："渭水如镜色，中有鲤与鲂。偶持一竿竹，悬钓在其傍。微风吹钓丝，袅袅十尺长。谁知对鱼坐，心在无何乡。昔有白头人，亦钓此渭阳。钓人不钓鱼，七十得文王。况我垂钓意，人鱼又兼忘。无机两不得，但弄秋水光。兴尽钓亦罢，归来饮我觞。"① 另有柳宗元《江雪》"千山鸟飞绝，万径人踪灭，孤舟蓑笠翁，独钓寒江雪"等钓鱼寄情的佳作传世。汉代学者对垂钓技术进行了更加深入的研究。西汉刘安《淮南子》载："主虽射云中之鸟，而钓深渊之鱼……兵犹且强，令犹且行也。"② 不但将垂钓定为帝王可以进行的高雅活动，而且提出了"钩箴芒距，微纶芳饵"的钓鱼技术。

图 2-14　明·吴彬《柳溪垂钓图》中的钓竿形象，后端至前端逐渐变尖变细，竿呈弯状，仿佛有鱼已衔住钓钩（据图绘）

图 2-15　明·沈周《秋江垂钓图》中的钓竿形象，竿身笔直，鱼线斜斜浮于水面，似是钓者静待鱼来（据图绘）

① 白居易，《白居易全集》，丁如明、聂世美校点，上海古籍出版社，1999 年，第 70 页。
② 《淮南子校释》，张双棣撰，北京大学出版社，1997 年，第 1609 页。

图 2-16　清·顾绣《渔樵耕读图轴》中的钓竿形象，因钓者正与人交流，鱼线还未放入水中，更显生动闲适之感（据图绘）

善钓者必先善诱，诱鱼在钓鱼中起着举足轻重的作用。东汉《论衡·乱龙篇》记载："钓者以木为鱼，丹漆其身，近之水流而击之，起水动作，鱼以为真，并来聚会。"[①] 这种以木鱼诱取真鱼的钓鱼法比西方的拟饵钓[②]早了 1 600 年。除此之外，人们还利用鱼类的各种生理习性诱鱼，如食诱、味诱、光诱、声诱、窝诱等方法。时至今日，钓具仍然是渔业生产中非常重要的一类工具，钓鱼活动也成为一项受广大人民喜爱的户外运动。

（4）网具。传说渔网为伏羲氏（图 2-17）所作，《周易·系辞下》中记载："古者包牺氏之王天下也……作结绳而为罔罟，以佃以渔。"[③]

图 2-17　伏羲——渔业祖师爷（聂国兴摄于河南省南阳市社旗县山陕会馆）

渔网的出现大大提高了鱼类的捕获量，在陕西、山东、黑龙江、浙江和辽

① 王充，《论衡》，陈蒲清点校，岳麓书社，2006 年。

② 拟饵钓，又称 Lure，是模仿弱小生物引发大鱼攻击的一种垂钓方法，来源于 19 世纪初的美国钓鱼人豪顿氏。

③ 《周易》，郭彧译注，中华书局，2010 年第 1 版，第 304 页。包牺氏，即伏羲氏。

东半岛等地多有新石器时期的石网坠出土。网坠是系于渔网使之下沉并固定的工具，有石质、骨质和陶质，质地坚硬，由于常年水流冲击，所以摸起来十分光滑。早期网绳用植物纤维编织而成，经常在海水中浸泡，遭受鱼群及浪潮的外力扯拉，绳容易被腐蚀而脆化，所以要频繁地进行渔网的晾晒和检修工作（图 2 - 18）。这也就是我们常说的“三天打鱼，两天晒网”的来源。与其他渔具相比，网具发展得更为繁杂。《诗经》《尔雅》就记载了不同类型的网具，如“罛”是大型的拉网（图 2 - 19A），“罾”是提线式网具（图 2 - 19B），以网片縋在机括下出入水面；还有轻便上手的长竿抄网（图 2 - 19C）和便于开合的扠网（图 2 - 19D）。

图 2 - 18　收网（聂国兴摄于河南省荥阳市高村镇牛口峪村）

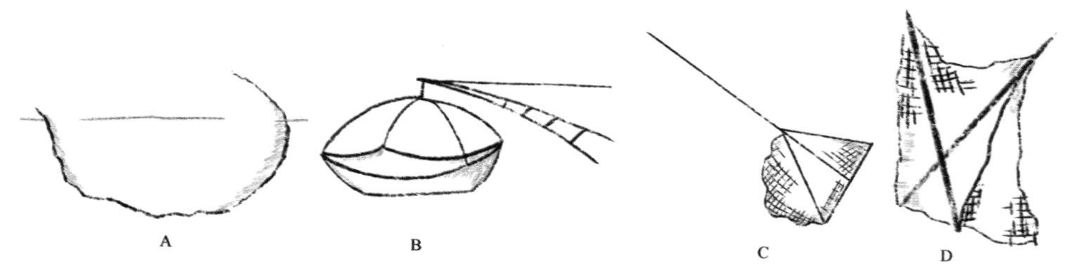

图 2 - 19　古代网具（据图绘）

A. 五代・董源《潇湘图》中的“罛”　B. 明・倪端《捕鱼图》中的“罾”

C. 清・彩绘本《黔苗图说》中的长竿抄网　D. 南宋・夏圭《捕鱼图》中的扠网

四、巫术诱鱼

巫术是先民们试图借助超自然的神秘力量对某些人、事物施加影响或给予控制的方术，极富神话与迷信色彩。封建社会时期，人们利用巫术来祈求自然力或鬼神来帮助自己达到某种目的。例如，明代郎瑛所著的文言笔记小说《七修类稿》中的“猢狲毛置鱼网四角，取鱼必得，盖鱼见之，如人见锦绣也”[①]，描述了当时有人以猢狲毛置于网四角诱鱼，这种方法的依据是如同人见到了美好的事物而不自觉地被吸引。《搜神记》中“帝曰：‘水中有鱼乎?’玄复书符掷水中，须臾，有大鱼数百头。使人治之”，记载了道教仙翁葛玄向水中投掷书符，引出数百头大鱼的神话故事[②]。关于巫术诱鱼，更多地出现在神话传说和笔记小说中，至今仍笼罩着一层神秘的面纱。

第二节　世界领先的养殖历史

渔业是人类较早的生产活动之一，其历史可追溯到原始社会早期。尤瓦尔·赫拉利在《人类简史》中分析了世界上最早的渔村的形成：“在某些特殊情况下，如果某地的食物来源特别丰富，原本季节性前来的部落也可能就此落脚，形成永久的聚落……最重要的是，在某些水产水禽丰富的海边和河边，人类开始建立起长期定居的渔村。这是历史上第一次出现定居聚落，时间要远早于农业革命。”[③] 鲤养殖对推动现代经济的发展具有重要意义，但其养殖起源却鲜为人知。2019 年 9 月，来自日本琵琶湖博物馆的 Tsuneo Nakajima 课题组与中国科技大学的张居中教授合作开展了对养鲤史的追溯，通过研究中国河南省贾湖遗址（距今 9 000～7 500 年）中发现的鱼骨，他们推测出我国早期鲤的体长、分布和物种组成，证实了早在 8 000 年前的新石器时代我国就已开始人工养殖鲤[④]。

---

① 朗瑛，《七修类稿》，上海书店出版社，2001 年，第 418 页。

② 干宝，《搜神记》，浙江古籍出版社，1985 年。

③ [以色列] 尤瓦尔·赫拉利，《人类简史》，林俊宏译，中信出版社，2017 年 2 月第 2 版，第 46 页。

④ Tsuneo Nakajima. Common carp aquaculture in Neolithic China dates back 8 000 years. Nature Ecology & Evolution. 2019，3 (10)：1415－1418.

春秋末年，范蠡的《陶朱公养鱼经》[①] 对养鲤有了明确的记载。《陶朱公养鱼经》是中国乃至世界养鱼史上的珍贵文献，它以问答的形式记载了鱼池构造、亲鱼规格、雌雄鱼搭配比例、适宜放养的时间，以及密养、轮捕、留种增殖等养鲤方法，这些方法有的至今仍在沿用，对农业生产具有重要的指导意义。

汉代重视农业生产，水利设施趋于完备，并以范蠡的《陶朱公养鱼经》作为指导建造池塘，且此时的池塘更大更广，称“陂池”，即面积较大的蓄水池。《史记·货殖列传》载：“水居千石鱼陂。”[②] 说明汉代起就已开始发展大面积的鱼类养殖。例如，《水经注·河水》中记载：“郁依范蠡养鱼法，作大陂，陂长六十步，广四十步，池中起钓台。”[③] 襄阳侯习郁的私家园林习家池就是按照范蠡的养鱼方法建造大陂蓄水养鱼，还建了钓鱼台供人使用。汉武帝仿昆明滇池在长安建昆明池，“昆明池地三百三十二顷，中有戈船，各数十，楼船百艘”[④]。据考证，历史上的昆明池水面的面积相当于 3 个西湖大小（西湖湖面面积为 6.5 千米^2），可见养鱼面积之大。昆明池建于沣水、潏水之间（今西安西南斗门镇东南），工程本身设计合理，选址科学，至今令人叹服。汉武帝原意是为了训练水兵，攻打南越国和昆明国以平定天下、交通外邦，后来昆明池变为泛舟游玩的场所。古籍记载，昆明池中常年养鱼，“池中后作豫章大船，可载万人，上起宫室，因欲游戏，养鱼以给诸陵祭祀，余付长安厨”[⑤]，池中的鱼一部分供祭祀诸陵之用，一部分给宫廷和长安的平民百姓食用，池水还兼具供给都城水源、浇灌农田等作用。

关于昆明池中的鱼有很多神话故事。池水直通白鹿原，有人在白鹿原钓鱼时鱼拉断鱼线，带着鱼钩从白鹿原逃到了昆明池。鱼托梦给汉武帝，请求他把鱼钩拿下来。第二天，汉武帝到昆明池旁边的镐池（后来成为昆

---

① 《陶朱公养鱼经》又称《陶朱公养鱼经》，相传系春秋末年范蠡所著，为世界上最早的养鲤著作，共一卷。详见后文。

② 司马迁，《史记》，文天译，中华书局，2016 年。

③ 郦道元，《水经注》，陈桥驿译注，王东补注，中华书局，2009 年，第 230 页。习家池，又名高阳池，位于湖北襄阳城南约 5 千米的凤凰山南麓，是东汉初年襄阳侯习郁的私家池塘，全国现存少有的汉代鱼池。

④ 赵岐，《三辅决录·三辅故事·三辅旧事》，三秦出版社，2006 年，第 23 页。

⑤ 何清谷，《三辅黄图校释·卷四·池沼》，中华书局，2005 年，第 248 页。

明池的一部分）游玩，果然发现一条大鱼嘴上挂着鱼钩和鱼线在水中挣扎。汉武帝见状，回想起刚刚经历的梦境，觉得甚为神奇，立即命人去掉鱼嘴上的钩和线，将大鱼放生。几天后再次到昆明池，汉武帝在池边竟得到一对夜明珠，汉武帝惊喜过望，认为这是放生大鱼给他的回报[①]。从区域特征上看，白鹿原位于今陕西省西安市，其河流基本属于黄河支流渭河的支流灞河水系，西侧下正是距今 6 700～5 600 年仰韶文化时期的半坡遗址，有着广泛流传的“崇鱼”传统，因此昆明池有与鱼神有关的故事出现也在情理之中。

汉末至三国年间，聪慧的先民利用农田中的水环境，辅以人为措施，将种植业与水产养殖业巧妙地结合起来发展农业，构成“陂池＋农田”模式。“陂池＋农田”模式就是“水”与“田”相结合的管理模式，陂池中可以养殖鱼虾等水产动物，池塘旁修建水田，将池塘的水引入田中灌溉农作物，这样就可以达到减少体力劳动和节省水资源的双重效果，是当时非常先进且重要的农业管理模式。

魏晋南北朝至隋年间，养鲤业稳步发展，养鲤、食鲤已经成为人们生活的一部分。据《洛阳伽蓝记》对北魏洛阳城中养鱼池的描写，城中鱼池“水犹澄清，洞底明净”[②]“芳草如积，珍木连阴”[③]，亦有竹林、土山相伴，环境优美。湖北地区还曾有剖鱼男俑出土，展现了三国时期的食鱼场景（图 2－20）。

唐代社会经济稳定，原本应是发展养鲤业的大好时机，但因皇族姓氏的原因，鲤养殖业暂时搁浅。唐高宗继位后，因“鲤”与“李”同音，唐皇室将鲤极度神化，尊称为“赤鯶公”。据传，直至武则天掌权前，全国上下多次“禁断天下采捕鲤鱼”，禁止民间养鲤、食鲤，捕到鲤也要马上放生，曾有人还因贩卖鲤被杖责六十[④]。因此，在推行“禁鲤”的 40 年间，一方面，鲤养殖户被迫改行，养鲤业受到了极大限制。另一方面，以渔为生的养殖户为求生路，反倒促进了人工养殖青鱼、草鱼、鲢、鳙等鱼类的兴起，奠定了四大家鱼的地位。

---

① 何清谷，《三辅黄图校释·卷四·池沼》，中华书局，2005 年，第 248 页。

② 杨衒之，《洛阳伽蓝记》，尚荣译注，中华书局，2012 年，第 88 页。

③ 杨衒之，《洛阳伽蓝记》，尚荣译注，中华书局，2012 年，第 248 页。

④ 段成式，《酉阳杂俎》，张仲裁译注，中华书局，2017 年，第 658 页。

图 2－20　三国青瓷剖鱼男俑，男俑跪于长方四足俎前，左手按俎上之鱼，右手操刀，做除鳞剖鱼状（于瑞哲摄于湖北省博物馆）

宋元时期，鱼类养殖技术大幅提高，尤以混养技术见长，鲤多与鳙、鲢、鲩、青鱼混养，一是可以起到清洁水质的作用；二是可以提高鱼类的单位水体放养量。明清时期更是以四大家鱼为主要养殖对象了。

一、世界最早的养鱼专著——《陶朱公养鱼经》

《陶朱公养鱼经》（以下简称《养鱼经》）是中国乃至世界上最早的养鱼著作。学术界一般认为该书由春秋末年越国大夫范蠡所写，范蠡晚年居陶，称朱公，后人遂称之为陶朱公。《养鱼经》全文 418 字，因年代过于久远，原书已失传，现今所见经文为后魏贾思勰著世界农学史上较早的专著之一——《齐民要术》辑存。据近些年出土的文物与文字资料考证，推测《养鱼经》或许并非范蠡本人所作，当系西汉末年无名氏以范蠡养鲤经验为基础所著[①]。但不管《养鱼经》的成书时间、成书地点和成书人是否有定论，都不会影响范蠡的成就和《养鱼经》的学术地位与价值。《养鱼经》一直作为古代

① 陈世杰，《〈范蠡养鱼经〉释义、启示与询考》，《福建水产》，2001 年，第 4 期，第 80－85 页。

养鱼，尤其是养鲤的技术指导而存在。

（一）《养鱼经》内容

原文：

威王聘朱公问之曰："闻公在湖为渔父，在齐为鸱夷子皮，在西戎为赤精子，在越为范蠡，有之乎？"曰："有之。"曰："公任足千万家，累亿金，何术乎？"

朱公曰："夫治生之法有五，水畜第一。水畜，所谓鱼池也。以六亩地为池，池中有九洲。求怀子鲤鱼长三尺者二十头，牡鲤鱼长三尺者四头，以二月上庚日内池中令水无声，鱼必生。至四月内一神守，六月内二神守，八月内三神守。神守者，鳖也。所以内鳖者，鱼满三百六十，则蛟龙为之长，而将鱼飞去，内鳖则鱼不复去。在池中周绕九洲无穷，自谓江湖也。至来年二月，得鲤鱼长一尺者一万五千枚，三尺者四万五千枚，二尺者万枚。枚直五十，得钱一百二十五万。至明年得长一尺者十万枚，长二尺者五万枚，长三尺者五万枚，长四尺者四万枚。留长二尺者二千枚作种，所余皆货得钱，五百一十五万钱。候至明年，不可胜计也。"

王乃于后苑治地，一年得钱三十余万。池中九洲八谷，谷上立水二尺。又谷中立水六尺，所以养鲤者。鲤不相食，易长又贵也。

又作鱼池法，三尺大鲤，非近江湖，仓卒难求。若养小鱼，积年不大。欲令生大鱼法，要须截取薮泽陂湖饶大鱼处，近水际土沙十数载，以布池底。二年之内，即生大鱼。盖由土中先有大鱼子，得水即生也。[①]

译文：

齐威王拜访陶朱公范蠡，问道："听说先生在太湖为渔父，在齐国自号鸱夷子皮，在西戎又自称为赤精子，到越国才称范蠡，是这样的吗？"范蠡回答说："是这样的。"齐威王又问道："先生资产胜过千万家之和，达到亿万之多，不知用什么好办法做到的？"

范蠡回答："致富生财之道有五样，水产养殖排第一。"所谓水产养殖，就是经营鱼池。将六亩（据《中国度量衡史》，周制 1 亩≈今制 0.372 市亩≈今 2～3 亩）地的面积开挖为鱼池，池中布置一些土墩。准备长 3 尺（周 1 尺≈

① 贾思勰，《齐民要术》，石声汉译注，中华书局，第 1912 页。

今1尺的0.597 3≈19.9厘米，3尺≈60厘米）的怀卵雌鲤鱼20条，长3尺（约60厘米）的雄鲤鱼4条，在农历十二月（周代把现在的农历十一月作为正月）上旬的庚日（第7天），保持鱼池安静，不惊扰鱼，促使鲤正常交配。农历四月时，在池内放养第1只神守；农历六月，往池内放养第2只神守；农历八月时，往池内放养第3只神守。所谓神守，就是我们常说的鳖。之所以往池中放养鳖，是因为传说鱼的数量达到360条以上，则会有领头蛟龙出现，并将其他鱼带走飞离，池内有鳖（神守）则鱼不会飞离了。鱼在池中围绕众多土墩来回逡游，就感觉像在自然的江湖中一样。到来年农历二月，就可以捕捞15厘米长的鲤鱼15 000条，45厘米长的鲤鱼45 000条，30厘米长的鲤鱼约1万条。一条价值五十钱，折算成现金就是一百二十五万钱。又过一年可捕捞长为15厘米的鲤鱼10万条，长为30厘米的鲤鱼5万条，长为45厘米的鲤鱼5万条，长为60厘米的鲤鱼4万条。筛选2 000条30厘米的鲤鱼作亲鱼，其他全部卖掉折现，可以得到五百一十五万钱。又过一年，就多得不可计数了。"

齐威王于是在后苑开挖鱼池，一年就得到三十余万钱。鱼池中有许多土墩和深坑，池水深约30厘米，坑水深约1米，在这种鱼池养鲤，鲤不会相互残食，容易生长，且价钱又高。

（范蠡）又提到营建鱼池的方法。通常45厘米长的大鲤鱼，不在大江大湖中捕捞，一般很难捞到。如果只养小鱼，过很长时间也养不大。所以，想在鱼池中养出大鱼，就必须在盛产大鱼的湖沟港汊，挖取大量的靠近水边的淤泥，铺垫在鱼池底部。这样两年之内，就会养出大鱼了。（范蠡认为）原因很简单，就是这些土中原来就有大鱼的卵，遇到水后就孵化而生。

（二）科学内涵

根据"水、种、饵、密、混、轮、防、管"八字精养法，《养鱼经》的科学内涵如下：

第一，点明水产养殖尤其是池塘养殖的重要性。"治生之法有五，水畜第一。水畜，所谓鱼池也。"在集货生财的5种方法中，水产养殖居首位。范蠡认为，进行水产养殖就是要建造鱼池。殷商出土的甲骨卜辞中"贞其雨，在圃鱼""在圃鱼，十一月"的记载说明商代人们已开始在天然水域中对鱼类进行蓄养。周代，周文王为祭祀祈福建造灵台，因“合配阴阳”之说，在灵台下挖一池，名曰灵沼，沼中蓄水养鱼。《诗经》曰：“王在灵沼，於牣鱼跃”。[①] 灵沼与灵台互为照映，煞为壮观，实现了从天然蓄养到人工池塘养殖的质的飞跃。《吴氏春秋》记载了在会稽山鱼池养鱼 3 年，则可以得千万利，以充实国库的故事。因此，范蠡准确地判断出池塘养鱼在当时的重要性，并提出建造鱼池的观点和方法。

第二，鱼池构造科学合理。《养鱼经》描述鱼池：“以六亩地为池，池中有九洲”“要须截取薮泽陂湖饶大鱼处，近水际土沙十数载，以布池底”“池中九洲八谷，谷上立水二尺，又谷中立水六尺”。在 6 亩的鱼池中，池底建有 9 个小丘、8 个凹地，小丘上部为浅水区域，凹地上部为深水区域，这样就给鲤创造了一个类似天然的自然环境。就整个池塘来讲，它既是亲鱼的饲养池，又是孵化池，还是幼鱼的培育池，适合鲤的生长发育和繁殖。

第三，以鲤为养殖对象有理有据。经文记载：“鲤不相食，又易长也。”指出养鲤的主要原因是鲤个体之间不会互相残食，即使不同规格的鱼放在一起养也不会出现大鱼吃小鱼的情况。此外，鲤很能很快适应池塘的养殖环境，抗逆性强，生长速度快，并可自行产卵繁殖。

第四，亲鱼规格有科学依据。通常情况下，长江流域的雌、雄鲤一般在 2 龄达到性成熟，我国北部地区各水域中的鲤在 2～3 龄也可全部成熟，规格也稍大一些；经文记载范蠡选用“怀子鲤鱼长三尺……牡鲤鱼长三尺”，范蠡所处时代为春秋末期，根据《中国度量衡史》，周代 1 尺约等于今 1 尺的 0.597 3，约合 19.9 厘米，故周代 3 尺约为今天的 60 厘米[②]。体长 60 厘米的鲤体重一般在 3.5～4 千克，少数肥满的在 5 千克左右，这种体重和体长的雌鲤基本在 3 龄以上，性腺已成熟，发育完全，体格健壮，所产的卵较易于孵化，也易于成活；同样，雄鲤也是“长三尺”，性腺成熟，体格健壮，这样受精率和孵化率就可得到保障。

第五，放养时间适宜。《养鱼经》说在“二月上庚日”放鱼入池，古时各朝各代的历法各不相同，周历把现在冬季农历十一月作为正月，故周历“二

① 《诗经》，王秀梅译注，中华书局，2016 年，第 613 页。牣：满。

② 吴承洛，《中国度量衡史》，商务印书馆，1993 年。

月”就是现在的农历十二月；“庚日”指我国古代的“干支”记日法中带庚的日子，古代以十日为一旬，每月分为上、中、下旬，每旬分别配上甲、乙、丙、丁、戊、己、庚、辛、壬、癸这10个天支，其中第七日为庚日，因此“二月上庚日”便是如今农历十二月上旬的第七日。范蠡对放养时间的选择是有科学道理的，一是，冬季水温低，鲤几乎全天伏于水底，游动缓慢，停止摄食或摄食强度随水温降低，基本靠自身内部储存的营养物质维持生活，此时放鱼入池不致损伤鱼体；二是，鲤的产卵季节在不同的生长地区有所不同，这取决于不同纬度的地区所达到鲤产卵水温的早晚，珠江流域的鲤在每年的1—2月开始产卵，2—3月达到繁盛期，长江流域则在每年的3—5月开始产卵，4月达到盛期。而范蠡在长江中下游的太湖养鱼，鲤一般在3月开始产卵，所以《养鱼经》中提出于农历十二月（公历2月）前后将鱼放入池中是十分合理的。

第六，掌握了可贵的自然孵化技术。文中提及将鱼放入水中时要注意“令水无声”，因鱼卵无鳞片等组织保护，所以在放鱼入水时动作要轻，不要使鱼和水有撞击声，以免鱼卵受到损伤。这样鲤在池中才能正常生长，到了产卵季节就能孵化出小鱼。

第七，已具有良种培育意识。鱼类的良种是由人工选育而产生的具有一定稳定遗传性状的鱼类群体，种是渔业生产的基础，通过培育良种可有效提高鱼产量。《养鱼经》指出渔获丰收后还要“留长二尺者二千枚作种”，说明早在春秋时代就已经具有鲤鱼的良种培育意识。这些留养之鱼约长40厘米，健壮的体格有利于鱼类的健康繁衍。

第八，已具有鱼鳖混养、轮捕的意识。《养鱼经》记载，在放养亲鱼1年后，捕捞部分1尺长、2尺长和3尺长的成鱼，第3年再捕捞1尺长、2尺长、3尺长和4尺长的成鱼，留2尺长的鲤鱼2 000尾作种，即在1年后就开始实施大小鱼混养，这样既能提高饵料、肥料的利用率，又能获得更高的经济效益。

（三）存疑之处

第一，“神守”有待考究。文中提到四月、六月、八月要放入神守，也就是鳖，其作用是为了不让“蛟龙”带鱼飞走，这是非科学的迷信思想。

第二，产量有所夸大。“至来年二月，得鲤鱼长一尺者一万五千枚，三尺者四万五千枚，二尺者万枚”“至明年得长一尺者十万枚，长二尺者五万枚，长三尺者五万枚，长四尺者四万枚”，与现今一般渔业产量比较，其产量十分夸张，如果这些数据正确，应该是鱼池开挖的面积有误。

二、发达的水利设施——池塘养鲤

（一）陂塘

人们认识到池塘养鲤的优势后，各类型的池塘应运而生。汉代神学思想的盛行使人们秉持“事死如事生”的观念，认为即便在人死之后，去阴间仍然能过着如同阳间的生活，因此陵墓普遍仿照生前的居住环境建造，日常用品一应俱全，这为后世留下了许多珍贵的物质文化遗产。1964 年，陕西汉中县东汉墓中出土了墓主人的随葬品——陂池模型（图 2－21）。该模型为泥质红陶，方形圆角，每边长 28 厘米，深 9 厘米；底部有蛙 3 只、螺 6 个和菱叶 2 片。此物代表了墓主人生前的个人财产——一座修葺规整的蓄水池。

图 2－21　红陶陂池（于瑞哲摄于陕西历史博物馆）（实物陈列角度使底部 2 只螺无法进入拍摄区域）

《说文解字注》释“陂”，“池也”“泽障也”“蓄水曰陂”[①]。“泽障”就是将积聚的水隔挡起来，可见“陂”就是池塘。汉代不同类型的水利设施有不同的功用，细分之下，汉中出土的陂池模型是一种用于蓄水的小型水利设施。历

① 许慎撰，段玉裁注，《说文解字注》，上海古籍出版社，1981 年，第 1278 页。

史资料显示，汉中是汉魏时期重要的政治、军事基地，若要保证政治与军事活动正常进行，势必要发展农业生产；加之汉中历来主产水稻，为了预防旱涝灾害对生产生活的侵袭，挖塘修渠、筑坝开源是必要的。从地形地貌来看，汉中位于陕西南部，北有秦岭、南有大巴山脉两大屏障，形成了一个宽阔而又崎岖的特殊地带，既有河谷、丘陵，又有广袤的平原。因此，因地制宜兴修水利乃是发展农业生产的重要条件。这种小型的蓄水水塘多位于平原地带，方形而规整，分布面广，十分适合灌溉农田[①]。另有一种适用于山坡、丘陵的陶水塘，多为圆形，依靠雨季的雨水或引导山丘的泉水来蓄水灌溉，虽蓄水量不大，但适应低矮山丘，池内也方便养殖（种植）鱼类、莲藕等水生动植物，可满足农户生活需要，使用也较为广泛。这种灌溉设施是当时非常重要的一种水利设施，有的还有水闸、水渠等一整套发达的灌溉系统；政府另专门设有“陂官”“湖官”主管陂塘事务，大力推广发展陂塘。

两汉至三国期间，各地在继承和学习前人开发、利用水利资源经验的基础上修建了大批水利设施，小至泽、陂、池、塘，用以蓄水灌田、供人休闲娱乐（图 2－22、图 2－23），大到渠、堰、运河、航道，开漕疏河，在历史上占据了重要地位。

图 2－22　东汉二层绿釉陶水榭（于瑞哲摄于河南博物院）

① 郭清华，《论勉县出土的三国文物》，《文博》，1994 年，第 3 期，第 57－63 页。

图 2-23 东汉二层绿釉陶水榭池内鱼、蛙等水生动物（于瑞哲摄于河南博物院）

（二）稻田养鲤

稻田养鲤即利用稻田水面养殖鲤，既可获得鱼产品，又可利用鱼吃掉稻田中的害虫和杂草并排泄粪肥，为水稻生长创造良好条件，达到水稻增产和渔获丰收的双重目的。据史料记载，早在汉代，我国就已存在“稻鱼共养”的生态农业种养模式。《魏武四时食制》中“郫县子鱼，黄鳞赤尾，出稻田，可以为酱”[①] 是现有关于稻田养鲤的最早史料文献。大意是四川郫县的小鲤出于稻田，可以制作成酱。其中，魏武指三国魏武帝曹操，郫县在今四川成都，子鱼就是小鱼，黄鳞赤尾指代鲤。汉代的农业生产较为发达，农业设施已相对比较完备。笔者调研发现，东汉收获渔猎画像砖形象地展现了渔猎与农耕同时进行的场景。该砖画像由上下两部分组成，上部为弋射图，两弋者张弓仰射，湖池中荷叶遮掩，莲花吐芳，鱼鸭游弋，空中飞雁成行；下部为收获图，描绘了肩挑稻捆、用手镰掐穗和用钹镰刈除稻秆的场面（图 2-24）。

今在陕西、四川、云南等地也有大量稻鱼结合的水田模型出土。1979 年，四川峨眉山双福乡出土一东汉时期的石田塘模型（图 2-25、图 2-26），此石

① 潘伟彬，黄毅斌，《稻田养鱼的发展特放和发展趋势初探》，《福建稻麦科技》，1984 年，第 4 期，第 49-52 页。

图 2－24　东汉收获渔猎画像砖（于瑞哲摄于中国国家博物馆）

田塘一侧凿出两块水田，一侧田里积有堆肥，另一块田里有两个农夫正俯身劳作；另一侧凿出水塘，塘中置一小船，从形态上看塘中有鲤、鳖、青蛙、田螺、莲等水生动植物。

图 2－25　东汉石田塘（于瑞哲摄于中国国家博物馆）

图 2-26　东汉石田塘中的鱼形石像，体延长而侧扁、肥厚，略呈纺锤形，鳞、鳃、目等部位用刻线表示，推测此鱼为人们较为熟悉的鲤（于瑞哲摄于中国国家博物馆）

第三章　古代艺术之鲤韵

第一节　妙笔生花，蔚然成风

鲤是备受古代文人喜爱的文化符号。李贺在《江楼曲》中写道："楼前流水江陵道，鲤鱼风起芙蓉老。"这里是以"鲤鱼风"代指九月风。陆龟蒙《江行》的"醉帆张数幅，唯待鲤鱼风"① 亦是如此。陈钦甫《提要录》解释："鲤鱼风，乃九月风也。"② 据词意推测，大抵是因为秋季鲤鱼最为肥美，借此表达对自然的热爱与赞美，既富有内涵，又增加了诗文的美感。古代文人们既继承着前人的创作成果，又追求创新，不吝笔墨，不断为鲤赋予新的含义，使鲤具有了极为丰富的文化内涵。

一、吉祥富余的象征

（一）尊贵之物

自《诗经》时代起，鲤就被视为尊贵之物的代表。《诗经·小雅·鱼丽》③中写有："鱼丽于罶，鲿鲨。君子有酒，旨且多。鱼丽于罶，鲂鳢。君子有酒，多且旨。鱼丽于罶，鰋鲤。君子有酒，旨且有。物其多矣，维其嘉矣！物其旨矣，维其偕矣！物其有矣，维其时矣！"大意是鱼儿钻进竹篓里结伴游啊，有肥美的黄颊也有小吹沙。热情的主人有的是美酒啊，不但酒醇味美而且席面大！鱼儿钻进竹篓里结伴而游，肥美的鲂鱼和黑鱼各有一尾。热情的主人家待客有美酒，不但宴席丰盛而且酒醇厚！鱼儿呼朋引伴地往竹笼里钻，鲇游得快来鲤跳得欢。热情好客的主人有美酒啊，不但酒醇美而且珍馐齐全！食物丰盛

① 《全唐诗》，中华书局，1997 年，第 7246 页。

② 徐传武，《"鲤鱼风"释义补正》，《阅读与写作》1997 年，第 9 期，第 25 页。

③ 《诗经》，王秀梅译注，中华书局，2016 年，第 354 页。

实在妙，质量又是非常好。食物甘美任品味，各种各类很齐备。食物应有尽有之，供应也都很及时。

此诗是周代贵族在祭祀之后宴请宾客的乐歌，盛赞了宴飨宾客时酒宴的丰盛。特别值得注意的是，通篇诗歌作者只从鱼和酒这两部分着笔，并且不厌其烦地对鱼类的品种进行反复描写，却未对宴会的其他场景进行描绘。纵观《诗经》，有不少提到鱼的篇章，与《鱼丽》类似，《周颂·潜》中的“猗与漆沮，潜有多鱼。有鳣有鲔，鲦鲿鰋鲤。以享以祀，以介景福”[①] 生动地描绘了春季祭祀供鱼的盛况。《小雅·六月》中也提到“饮御诸友，炰鳖脍鲤”[②]，“脍鲤”即切细的生鲤肉，说明我国早在周代就有食生鱼片的记载。《国风·衡门》中的“岂其食鱼，必河之鲤?”[③] 则是以反问句的形式，表明生活不一定非要鲤这种尊贵的食物，展现了作者不追求物质上的华贵的态度，也可以反映出鲤在周代就已经是人们饮食中的上等珍品了。因此，《鱼丽》以描写鲤和酒的写法来衬托场面的盛大，这种写法可以说是经过作者精心设计的，新鲜美味又象征富足的鲤在宴席上，也就足以说明酒宴的隆重了。

（二）富余象征

受《诗经》的影响，古人多通过描绘鲤的“数量之繁多”和“味道之鲜美”，来象征着生活条件的优越和富足。例如，图 3－1 描绘了汉代鼓乐宴飨的场景，食案上摆放着蒸鱼、烤鸭、烧鸡、羊肉串以及斟满美酒的耳杯等，生动地再现了汉代官宦富商之家食鱼、食肉的富足生活。其主题可分以下两类：

(1) 以鲤直接展现贵族或百姓安逸、富饶和欢乐的生活。

“林木纷交错，玄池戏鲂鲤”[④]（三国·嵇康《酒会诗》）生动地描写了深池中鲂鲤嬉戏的场景，展现出诗人置身于大自然享受恬淡的隐逸生活的美好画卷。

“郎食鲤鱼尾，妾食猩猩唇”[⑤]（唐·李贺《大堤曲》），“猩唇”即我国古代烹饪原料的八珍之首，颇为罕见，“鲤鱼尾”与其对仗出现，可见鲤在古代

---

① 《诗经译注》，张俊纶译注，崇文书局，2014 年，第 566 页。
② 《诗经译注》，张俊纶译注，崇文书局，2014 年，第 299 页。
③ 《诗经译注》，张俊纶译注，崇文书局，2014 年，第 219 页。
④ 《嵇康集校注》，戴明扬校注，人民文学出版社，1962 年，第一卷。
⑤ 《全唐诗》，中华书局，1997 年，第 4408 页。

食物中的珍贵地位。

（2）以鲤衬托贵族奢靡的生活作风，或讽刺依附权贵的封建官僚，来表达不屈权贵、不与世俗同流合污的精神。

“就我求珍肴，金盘脍鲤鱼。贻我青铜镜，结我红罗裾”[①]（汉·辛延年《羽林郎》节选），此诗写的是一位卖酒的胡姬义正辞严而又委婉得体地拒绝一位权贵恶奴调戏的故事。诗中恶奴为了大摆排场以显阔气，向胡姬要酒要菜，胡姬便用金盘盛了鲤鱼肉片送给他。类似的还有唐代王维《洛阳女儿行》中的“洛阳女儿对门居，才可容颜十五馀。良人玉勒乘骢马，侍女金盘鲙鲤鱼”[②]。可见历史上的显贵人家用餐时必有鲤鱼。

图3－1　汉画像砖：鼓乐宴飨，上部为墓主人观赏鼓乐，下部为一食案，案上摆放着蒸鱼、烤鸭、烧鸡、羊肉串以及斟满美酒的耳杯等。鱼体背部略隆起，腹缘呈浅弧形，轮廓形态与鲤鱼十分相似，生动地再现了汉代官宦富商之家食鱼、食肉的富足生活（于瑞哲摄于南阳汉画馆）

“岷山之阳土如腴，江水清滑多鲤鱼。古人居之富者众，我独厌倦思移居。平川如手山水蹙，恐我后世鄙且愚”（宋·苏洵《丙申岁余在京师乡人陈景回自南来弃其官得太》节选），此诗写岷山土壤肥沃，有鲤众多，且住在这里的人大多过着富裕的生活，但作者却不愿与世浮沉，以“恐我后世鄙且愚”来表达自己不为物欲所限的崇高追求。

① 《乐府诗鉴赏辞典》，中州古籍出版社，1990年，第119页。

② 《全唐诗》，中华书局，1997年，第1258页。

自周代起，古人对鲤就产生了特别的情感。大概也正因如此，春秋末年，中国古代思想家、教育家、儒家学派创始人孔子在儿子出生之时，曾收到鲁昭公送来的一尾鲤鱼，孔子认为这是吉祥的预兆，便将儿子取名为孔鲤[①]。可见，鲤表征祥瑞的习俗在春秋时便已普及。

二、敬哺之礼的体现

（一）孔鲤过庭

尊师重道是中华民族的传统美德。它不仅要求学生的言行举止体现出对老师的尊敬和礼貌，更要从内心和行为上敬重与遵从老师。古代文人借用鲤的典故来表现这种尊师的精神。

《论语·季氏十六》记载了“孔鲤过庭”的典故。（孔子）尝独立，鲤趋而过庭。曰：“学诗乎？”对曰：“未也。”（孔子）“不学诗，无以言。”鲤退而学诗。他日又独立，鲤趋而过庭。曰：“学礼乎？”对曰：“未也。”（孔子）“不学礼，无以立。”鲤退而学礼。[②]

有一次孔子独自站在堂上，孔鲤快步从庭里走过，孔子说：“学《诗经》了吗？”孔鲤回答说：“没有。”孔子说：“不学《诗经》，就不懂得怎么说话。”孔鲤就回去学《诗经》。又有一天，孔子又独自站在堂上，孔鲤快步从庭里走过，孔子说：“学《礼记》了吗？”孔鲤回答说：“没有。”孔子说：“不学《礼记》就不懂得怎样立身行事。”孔鲤就回去学《礼记》。

（二）鲤庭之训

世人以“孔鲤过庭”指学生受师训，以“鲤庭”指老师或尊长施教传道的地方。经文人的整理加工，还衍生出“鲤庭、鲤庭趋、鲤对、鲤也、训鲤、过庭训、过庭鲤、过庭闻礼、趋庭”等多种用法，用来表示尊长或老师的培育，子女或学生受教，也指尊长和敬哺之礼。

例如，“文章旧价留鸾掖，桃李新阴在鲤庭”[③]（杨汝士《宴杨仆射新昌里

---

① 李昉，《太平御览》，中华书局，2000 年。

② 金良年，《论语译注》，上海古籍出版社，2005 年，第 203 页。

③ 《全唐诗》，中华书局，1997 年，第 5535 页。

第》)，“鸾掖”借指宫殿，“鲤庭”则指门生受师训的地方，作者以此两句赞扬杨仆射博学多才，桃李满天下。同样赞扬杨仆射的白居易在《和杨郎中贺杨仆射致仕后杨侍郎门生合宴席上作》中写道：“祥鳣降伴趋庭鲤，贺燕飞和出谷莺。”[①] “祥鳣”即称赞杨姓仕官人家之典，“趋庭鲤”即尊长的培育，“贺燕”是用于祝贺新居落成的套语，“出谷莺”则用来比喻升迁之人；诗人盛赞三位杨姓人家均为高官显贵，连用 4 个典故却不显累赘，将同为鱼类的鲤与鳣结合在一起，将同为鸟类的燕与莺放在同句，手法之巧，令人称赞。

杨亿《次韵和致仕李殿丞寅见寄之什因以纪赠》中有“鲤庭禀训门逾盛，兰畹传芳气益薰”，“鲤庭”即施教的地方，“兰畹”泛指花圃，用“鲤庭禀训”比喻受教的学生越来越多，用“兰畹传芳”比喻美名流传越来越广。

石孝友《鹧鸪天·一夜冰澌满玉壶》中有“门前桃李知麟集，庭下芝兰看鲤趋”[②]，“桃李”“芝兰”皆有优秀的学生之意，“麟”即杰出的人才，“鲤趋”指学生受教，诗人列举出一系列美好的画面，展现了一派吉祥、兴隆的光景。

李中《献中书汤舍人》中有“銮殿对时亲舜日，鲤庭过处著莱衣”[③]，“著莱衣”是穿着小儿的衣服，指对双亲的孝养，“鲤庭”在这里即指受父训。又有“叨陪鲤对”，语出王勃《滕王阁序》，“他日趋庭，叨陪鲤对，今兹捧袂，喜托龙门”，表示自己将接受父亲教诲[④]。

明弘治时，为了纪念“孔鲤过庭”这一典故，在曲阜孔庙东路承圣门后建造“诗礼堂”(图 3－2)。清代康熙、乾隆等帝王都曾在这里听学者讲释儒家经典，乾隆皇帝还为其题写楹联——“绍绪仰斯文识大识小，趋庭传至教学礼学诗”和“则古称先”，至今在堂中悬挂，彰显着儒家文化的精粹智慧和道德信条。

① 《全唐诗》，中华书局，1997 年，第 5063 页。
② 《全宋词》，中华书局，1999 年，第 2622 页。
③ 《全唐诗》，中华书局，1997 年，第 8611 页。
④ 丁伟峰，《“趋庭”与“鲤对”》，《中学语文园地：高中版》，2005 年，第 46 页。

图 3-2　诗礼堂（白赛摄于曲阜诗礼堂）

三、人际和谐的纽带

（一）鲤鱼传书

纸张出现以前，人们将字写在长一尺的丝绢布帛上，并称这种短笺为尺素。为使尺素在传递过程中不致损毁，古人常把绢、帛扎在两片竹木简中，简多刻成鲤鱼形，称“鱼传尺素”。鲤鱼木简在古代社会和谐人际关系的发展中起到了巨大的作用，人与人之间通过“鱼书”紧密联系起来。后来便直接以“双鲤鱼”代指书信。最初使用这一手法的是汉乐府《饮马长城窟行》，“……客从远方来，遗我双鲤鱼。呼儿烹鲤鱼，中有尺素书。长跪读素书，书中竟何如？上言加餐食，下言长相忆……”① 大意是：有位客人从远方来到，送给我装有绢帛书信的鲤鱼形状的木盒。呼唤童仆打开木盒，其中有用素帛写的信。恭恭敬敬地拜读丈夫用素帛写的信，信中究竟说了些什么？书信的前一部分是说要增加饭量保重身体，书信的后一部分是诉说思念。该诗生动地描述了一女子收到远方来信时迫不及待打开书信的场景，将喜悦与思念之情表现得淋漓尽致。诗中所言“双鲤鱼”便是指书信。唐代鲍溶《秋夜对月怀李正封》中“日远迷所之，满天心暗伤。主奉二鲤鱼，中含五文章”② 和杜牧《别怀》中“他年寄消息，书在鲤鱼中”③ 也是用“双鲤鱼”代指书信。而“烹鲤鱼”也仅仅是一种形象的表现手法，并非真的烹煮，而是让童仆打开装有尺素的鲤形木盒。宋代秦观《答朱广微》中“昨夜灯花吐金粟，晓烹鲤鱼得尺素”④，也是这种表现手法。

对此，闻一多先生有过考证：“双鲤鱼，藏书之函也。其物以两木板为之，一底一盖，刻线三道，凿方孔一，线所通绳，孔所以受封泥……此或刻为鱼形，一孔当鱼目，一底一盖，分之则为二鱼，故曰双鲤鱼也。”⑤ 闻一多先生认为装信的两个木板不但形为鲤鱼，而且还刻有鱼眼，用线绑在一起就是一个鲤鱼盒，中间可藏书。

用鲤代信既简洁且富有内涵，又增加了诗文的美感，所以自《饮马长城窟行》一诗后，文人骚客们在创作时惯用此典，酷爱以鲤指代书信，同时也创造出许多与鲤相关的其他词语来借指书信。这些诗词作品皆是以思念、怀人为主题，有些是在与亲友离别时而作，有些是在千里之外抒发思念而作，表达了对亲人、朋友的不舍与怀念之情。

---

① 《乐府诗鉴赏辞典》，中州古籍出版社，1990 年，第 39 页。

② 《全唐诗》，中华书局，1997 年，第 5546 页。

③ 《全唐诗》，中华书局，1997 年，第 6061 页。

④ 《秦观集编年校注》，周義敢、程自信等校注，人民文学出版社，2001 年，第 112 页。

⑤ 闻一多，《闻一多全集》，生活·读书·新知三联书店，1982 年。

（二）翰墨情深

1. 直接以“双鲤”“鲤鱼”“河鲤”指书信

古代交通条件有限，信件在短时间内无法送到对方手中，往往要经历十几天甚至几个月的等待，而鲤是水中神物，游速快，把感情寄托在鲤身上是希望鲤能快速把信件传递给亲友，以解想念之苦。鲤为信使之意便由此而来。

直接以“双鲤”“鲤鱼”“河鲤”指书信的作品很多，比如韩愈《寄卢仝（宪宗元和六年河南令时作）》中的“先生有意许降临，更遣长须致双鲤”①，意指如果卢仝来家中作客，提前派仆人捎个信来即可。宋代张孝祥《转调二郎神·闷来无那》中有“便锦织回鸾，素传双鲤，难写衷肠密意”②，表达对故人的思念。孟浩然《送王大校书》是他送好友王昌龄归乡时所作，其中“尺书能不吝，时望鲤鱼传”③ 表达出希望二人在分别后能常常通过鲤互相通信的愿望，不舍之情溢于言表。陆游《送子龙赴吉州掾》同样是为送别好友而作，诗中有“江中有鲤鱼，频寄书一纸”，“一纸”多用于表示书信，古言“一纸千金”④ 用来赞颂诗文价值之高，诗人希望能以此表示信件的珍贵。李商隐闲居洛阳时作《寄令狐郎中》回寄给在长安旧友令狐绹，“嵩云秦树久离居，双鲤迢迢一纸书。休问梁园旧宾客，茂陵秋雨病相如”⑤，通过“迢迢”“一纸”表现出对方情意深长和自己读信时的珍惜、感念之情，展现了朋友之间和谐而真诚的关系。元稹《苍溪县寄扬州兄弟》中“凭仗鲤鱼将远信，雁回时节到扬州”⑥ 写到了依靠鲤鱼来传递信件。李冶在《结素鱼贻友人》中将信件“结为双鲤鱼”，并形象地把信封比作鱼腹，道出“欲知心里事，看取腹中书”⑦ 送给友人。李洪《子都兄寄子济兄诗借韵奉寄》中“缄题千里候寒暄，怅恨郊荆独我班。目断樯乌五两远，书凭河鲤一双还”，“樯乌”比喻飘忽不定的生活，“五两”谓两只配成一双，诗人将信件和感情都寄托于鲤，表现自己想早日回

---

① 《全唐诗》，中华书局，1997 年，第 3814 页。长须：男仆。
② 《全宋词》，中华书局，1999 年，第 2187 页。
③ 《全唐诗》，中华书局，1997 年，第 1646 页。
④ 出自宋代陈师道《题明发高轩过图》的诗：“滕王蛱蝶江都马，一纸千金不当价。”
⑤ 《全唐诗》，中华书局，1997 年，第 6206 页。
⑥ 《全唐诗》，中华书局，1997 年，第 4596 页。
⑦ 《全唐诗》，中华书局，1997 年，第 9157 页。

去的愿望。

2. 从“双鲤鱼”衍生出的别称指代书信

从“双鲤鱼”衍生出的别称有“鲤素”“尺鲤”“锦鲤”等，如清代金人望《答钮琇书》中有“欣传鲤素，耿耿生平”[①]。宋代秦观《秋兴九首其四拟李贺》中有“白苹风起吹北窗，尺鲤沉没断消息”[②]。“鲤素”“尺鲤”皆是将“尺”“素”两个关键字与鲤搭配而来的，令人一望即知其用典。有些诗词则采用了“暗典”的手法，需联系句间含义方可看出，如宋代李泳《贺新郎·感旧》中有“彩舫凌波分飞后，别浦菱花自老。问锦鲤、何时重到”[③]，此处的“锦鲤”与我们现在说的锦鲤不同，从字面上看，词中“锦鲤”指的是鳞光闪烁的鲤鱼。“木落雁南翔。锦鲤殷勤为渡江。泪墨银钩相忆字，成行”（蔡伸《南乡子·木落雁南翔》）亦是如此。

3. 与鸿雁合称

《汉书·苏武传》记载：“教使者谓单于，言天子射上林中，得雁，足有系帛书……”[④] 相传汉武帝时，苏武奉命出使匈奴，被囚胡地 19 年，矢志不变。汉昭帝时，匈奴与汉和亲，汉朝使者要求放回苏武。但匈奴欺骗说苏武已死，这时有人暗地告诉汉使事情的真相，并给他出主意让他告诉匈奴汉帝在上林苑中射得一雁，雁足系有帛书，帛书上说苏武等人在某个水积聚的地方。使者照此责备匈奴单于，单于大惊，赶快谢罪，承认苏武等人仍在，乃放苏武等回朝。

由此“鸿雁传书”的故事便成为千古佳话，鸿雁也就成了信差的美称。因此，“鱼”和“雁”都被赋予了书信的意思，二者常被并用，如“鱼鸿”“鸿鱼”“羽鳞”“鳞鸿”“鳞羽”“鳞翼”“雁素鱼笺”“色笺雁书”“鱼肠雁足”“鱼封雁帖”“鱼书雁帖”“鱼书雁信”“鱼书雁帛”等，这些词语所表达的主旨和情感与“双鲤”相同。例如，纳兰性德思念良师益友顾贞观的词作《大酺·寄梁汾》有“鳞鸿凭谁寄，想天涯支影，凄风苦雨”。林则徐《致姚春木王冬寿书》有“龙沙万里，鳞羽难通，但有相思，勿劳惠答也”。高濂《绛都春序·题情》

---

① 阮葵生，《茶馀客话》，中华书局，1960 年，卷二十一。
② 《秦观集编年校注》，周羲敢、程自信等校注，人民文学出版社，2001 年，第 281 页。
③ 谢雨鑫，吴芳，《小议“锦鲤”》，《语文教学与研究》，2019 年，第 9 期，第 149－151 页。
④ 班固，《汉书》，三秦出版社，2004 年，卷五十四，第 668 页。

曲中也有“空接，鱼书雁帖。反教人添哽咽”，写下音书杳杳，作者倍感思念的孤独与寂寞。

除此之外，还有“鱼书”“鱼肠”“鱼素”“鱼中素”“鱼笺”“鱼信”“鱼讯”“鱼函”“鱼封”“文鳞”“鳞素”“锦素”“锦鳞书”等都在不同的诗词中代指书信。其中，“鱼笺”是“鱼子笺”的简称。“鱼子笺”是唐代时四川生产的一种纸，纸面呈霜粒，状如鱼子，因这种纸常常作书信用纸，所以代指书信。

在人与人的关系上，我国古代社会一直提倡宽和处世，协调人际关系，创造“人和”的生存环境。书信作为古代社会人与人之间互相联系的主要途径，它不仅可以互传平安，也寄托并传递着人们的思想和情怀。经过文人们的雕琢增色，鲤成了维持人际关系和谐的纽带与桥梁。鱼雁传书，见字如面，翰墨情深，所有的情谊都蕴含在这一纸书中了。

四、金榜题名的祈盼

（一）鱼跃龙门

鲤鱼跃龙门的典故自汉代起开始流传。《太平广记》对《辛氏三秦记》有引述记载：“龙门山在河东界，禹凿山断门，阔一里余，黄河自中流下，两岸不通车马。每暮春之际，有黄鲤鱼逆流而上，得者便化为龙。”[①] 传说在山西省河津县的黄河峡谷，大禹凿山引流开一门，名为龙门，每逢春季水浪十分汹涌，黄河鲤逆流而上多次受到龙门山的阻隔，只有不畏汹涌巨浪、跃过龙门的鲤鱼才能升化为龙。唐代无名氏的诗歌《河鲤登龙门》中“得名当是鲤，无点可成龙”[②] 与唐代元弼的《鱼跃龙门赋》都对鲤鱼跃龙门的传说有非常明确的记录。

在古代传说中，龙是生活于海中的神异生物，负责行云布雨之事；鱼也为水生，与龙一样都拥有求雨和乞子的功能。汉代刘向《说苑》中也有“昔日白龙下清冷之渊化为鱼”[③] 的龙变化为鱼的记载。直到宋代文人陶谷还认为鲤多是龙所变，并因其额上有王字形纹状，且能通神，故称其为王字鲤。由此，古

① 李昉，《太平广记》，中华书局，1961年。
② 《全唐诗》，中华书局，1997年，第8969页。
③ 《说苑校正》，刘向撰，向宗鲁校正，中华书局，卷第九。

代社会人们普遍认为鱼龙之间能相互幻化也就不足为奇了。

自古至今，中国人都十分崇拜龙。龙的观念兴起于原始社会时期的图腾崇拜。闻一多先生曾提出，龙是由许多不同的图腾糅合而成的一种虚拟复合体，先民将角似鹿、头似驼、眼似鬼、项似蛇、腹似蜃、鳞似鲤、爪似鹰、掌似虎、耳似牛的虚拟形象称为龙（图3-3、图3-4）。

图3-3　战国青铜龙（于瑞哲摄于陕西历史博物馆）

图3-4　战国青铜龙的鲤鳞（于瑞哲摄于陕西历史博物馆）

进入封建社会后，尽管龙的图腾内涵已基本被人们遗忘，但龙始终是人们心中一种神秘的宝物。刘向《说苑·辨物》载：“神龙能为高，能为下，能为大，能为小，能为幽，能为明，能为短，能为长。”[①] 可见龙在人们眼中是神灵和强大的化身，而只有同样强大、优秀的人才能称之为“人中龙凤”。如苏轼在《张安道乐全堂》中写到“我公天与英雄表，龙章凤姿照鱼鸟”，就是以龙来赞颂好友张方平优秀的人品或优异的功绩。特别是汉代之后，汉高祖刘邦利用龙给皇权涂上一层神秘色彩，龙成了皇帝的化身和权威的象征而日趋显贵。《说文》释蛟龙为“龙之属也。池鱼满三千六百，蛟来为之长，能率鱼飞。”[②] 龙被尊为众鱼之长，鱼与龙便有了“龙尊鱼卑”的地位之差，再加上龙虚拟怪诞的形象更易使人产生神秘的情感，鱼则更多地作为一种食物受人关注，所以后世的鱼龙变幻之说也多为“鱼化龙”而非“龙化鱼”了。

（二）祈盼高升

唐代诗人方干《漳州阳亭言事寄于使君》中有“鲤鱼纵是凡鳞鬣，得在膺门合作龙”[③]，其中的“鳞鬣”代指鱼，诗人以鲤喻人，指出即便现在还只是一个普通人，只要能拜在名高望重者的门下就能成为优秀的人才。该诗用鲤鱼跃龙门的典故来比喻中举、升官等飞黄腾达之事。

隋唐时期，统治者制定了用于选拔官员的科举制度，面向全社会公开选拔人才，可以说是在封建社会中可能采取的最公平的人才选拔制度。尤其是在唐代，科举不分士庶，吸引了不少寒门贫士参加考试进入政坛，如柳宗元、刘禹锡、王维都曾通过科举及第入仕。据徐松《登科记考》记载，唐初每年中举者不过寥寥数人，“武德六年癸未，进士四人”[④]“贞观五年辛卯，秀才一人，进士十五人”[⑤]。到唐高宗时录取人数开始上升，但因科考者越来越多，录取率仍然不高，《文献通考·选举》记：“进士大抵千人，得第者百一二；明经倍之，得第者十一二……其应诏而举者多则二千人，少不减千人，所收百才有一。”[⑥] 唐

① 《说苑校正》，刘向撰，向宗鲁校正，中华书局，卷第十八。
② 许慎，《说文解字》，九州出版社，2001 年，第 1 版，第 785 页。
③ 《全唐诗》，中华书局，1997 年，第 7513 页。
④ 徐松，《登科记考》，中华书局，1984 年，第 5 页。
⑤ 徐松，《登科记考》，中华书局，1984 年，第 15 页。
⑥ 马端临，《文献通考》，中华书局，1986 年，考二七一。

代以进士和明经两科为主，考进士科的就有千人之余，录取的人在百人中只有一两个；明经科稍微容易，录取率也只有十之一二。这还仅仅是针对经过各地选拔后参加考试的考生而言的，加上预选考试的人只会更多。唐经学家赵匡曰："故没齿而不登科者甚众。"[①]

尽管高中者是少数，古代的学子们还是争先恐后地参加科举，正像鲤鱼跳龙门一样，希望以此实现抱负，成为人中之龙，光宗耀祖。元稹《赋得鱼登龙门》云："鱼贯终何益，龙门在苦登。"感叹金榜题名的艰辛。人们借"鱼跃龙门"的传说在鲤身上寄托了飞黄腾达、金榜题名的愿望。此外，也有很多文人以鲤自喻，唐代诗人李白在《赠崔侍郎》中说"黄河二尺鲤，本在孟津居。点额不成龙，归来伴凡鱼"[②]，借鲤抒发自己欲高升进取却怀才不遇的心情。章孝标作《鲤鱼》一诗："眼似真珠鳞似金，时时动浪出还沈。河中得上龙门去，不叹江湖岁月深。"[③] 前两句将鲤的形象和跃动时的姿态描绘得栩栩如生，后两句借鲤抒发人生理想，说明鲤在唐代时已成为读书人渴望施展抱负的象征。

明清时期，"鲤鱼跃龙门"的故事远传日本，时正值日本江户时代，以男性为中心的日本封建贵族接受了这种积极进取的观念，便在每年的端午节悬挂起用布或绸做成的空心鲤鱼形旗帜。后来，该习俗在民间流传开来，家中有男孩的家庭在每年的男孩节（日语称"子供之日"）——阳历 5 月 5 日悬挂鲤鱼旗，旗杆从上至下从大至小依次为黑鲤鱼、红鲤鱼、几尾青蓝鲤鱼或小鲤鱼，代表父亲、母亲、男孩，借此祝愿男孩像鲤鱼那样健康成长，朝气蓬勃，奋发有为[④]。

时至今日，人们常以鱼跃龙门的故事比喻事业成功或地位高升，其背后蕴含的不畏艰难、积极进取、逆流而上的精神仍然在激励着人们。

第二节　色彩纷呈，神余言外

鱼是我国绘画艺术中非常古老的标志性题材。原始社会时期，伴随着先民

---

① 《通典·卷十七·选举五》，中华书局，1988 年。
② 《全唐诗》，中华书局，1997 年，第 1738 页。
③ 陈贻焮，《增订注释全唐诗（第三册）》，文化艺术出版社，2003 年，第 1048 页。
④ 李妮娜，《从日本鲤鱼旗看中日文化交融》，《青年文学家》，2012 年，第 7 期，第 185 页。

对陶器的制作、使用等生产活动，我国的原始造型艺术逐渐发展起来，而那些用于装饰陶器图案的鱼纹形象可以说是中国最古老的鱼类绘画形象。

进入封建社会后，社会统一，国力日渐强盛，劳动人民能够在较稳定的环境下从事生产，为文化的发展创造了条件。汉代以后，社会普遍流行着儒家礼仪学说与道教“求仙长生”思想，因此“鲤画”也多为此思想服务，以帛画、壁画等形式展现孝悌精神，表现探寻死后极乐世界的升仙思想。唐代社会风气自由，各类文艺作品百花齐放，绘画也蓬勃发展，此时鱼类题材的画作还处于花鸟山水画的附属状态。唐末到五代期间，鱼才开始作为一个独立的题材出现在画作中。尤其到了宋代，绘画领域一直保持着繁荣昌盛的局面，题材内容门类繁多，各出新意，至此鱼题材的绘画发展达到了首个高峰。北宋宣和年间（公元 1119—1125 年）由官方主持编撰的宫廷绘画作品集《宣和画谱》第一次将“龙鱼”题材列入十大绘画门类中，并且位列于山水、兽畜和花鸟之前①②，以满足士大夫寄情自然、陶冶情操的需要。

一、原始鱼纹图案

距今 8 000 年前，原始社会时期的彩陶上就出现了中国最早的鱼图。虽然因年代久远，缺少文字资料来佐证这些鱼纹就是我们今天说的鲤的形象，但我们仍推测陶器所绘鱼纹是鲤形纹，其原因如下：第一，鲤是我国新石器时代早期就开始人工养殖的鱼类，先民对鲤十分熟悉；第二，鱼纹的头、鳍、尾等鱼类形态与鲤十分相似。彩陶鱼纹不但反映了原始社会鱼和人类的亲密关系，也对后世绘鲤艺术的发展具有深远的影响。因此，在探讨鲤绘画作品之前，我们先对原始社会的鱼纹创作进行阐述。

早期渔猎生活开启后，先民在渔业生产中学会了制陶技术，创造出如盆、罐、钵、瓶、瓮等日常生活生产工具（图 3 - 5）。随着人类审美能力的提高，以及对鱼类习性的逐渐了解和掌握，作为装饰的鱼纹开始出现在陶器上。

① 何延喆，《中国绘画史要》，天津人民美术出版社，1998 年，第 2 版，第 134 - 136 页。

② 《宣和图谱》所载共二百三十一人，计六千三百九十六轴，分为十门。一道释，二人物，三宫室，四蕃族，五龙鱼，六山水，七鸟兽，八花木，九墨竹，十蔬果。

图 3-5　原始人制陶（于瑞哲摄于西安半坡博物馆）

大约在公元前 6 000 年的大地湾文化时期[①]就有了较发达的陶器，个别陶器的口沿用一条宽彩带进行装饰，这就是彩陶的萌芽。彩陶即在打磨光滑的土红色陶坯上，以天然的矿物质颜料进行描绘以达到装饰美化陶器的效果。彩陶图案包括大量的动植物纹饰、几何形纹饰，以单个或组合形式出现。鱼纹是彩陶图案的一大类。安徽省蚌埠双墩遗址出土的 600 余件带有刻划符号的陶器中，与鱼纹相关的就有 100 件。其中，15 件单纯表现水纹，47 件用水纹表示鱼或鱼群，38 件有水纹与其他符号组合，可以看出渔猎在先民的生产活动中占有相当重要的地位（图 3-6）。经过专家、学者的整理、研究，发现这些刻划符号已具有表意的功能。

仰韶文化是指黄河中游地区一种重要的新石器时代彩陶文化。仰韶文化中的彩陶运用大量鱼纹，以陕西西安半坡类型遗址出土的鱼纹彩陶居多，如黄河中游新石器时代以仰韶文化为主的西安临潼姜寨遗址曾出土大量鱼纹彩陶器（图 3-7 至图 3-9）。另外，在河南陕县庙底沟类型遗址中也有类似发现。受仰韶文化的影响，黄河流域上游甘肃地区的马家窑文化也多有绘制鱼纹变体图案的彩陶出土。

---

① 大地湾文化是黄河中游地区的早期新石器时代文化，为仰韶文化的源头之一。其年代距今 8 000～7 000 年，主要分布在陕西、甘肃境内的渭河流域。

图 3-6　双墩遗址发现的刻划鱼纹符号（据中国国家博物馆展示图绘制）

图 3-7　鱼纹葫芦瓶（西安临潼姜寨遗址出土，于瑞哲摄于陕西历史博物馆）

图 3-8　双鱼纹尖底罐（西安临潼姜寨遗址出土，于瑞哲摄于陕西历史博物馆）

图 3-9　人面鱼纹瓶（西安临潼姜寨遗址出土，于瑞哲摄于陕西历史博物馆）

（一）鱼纹演变

鱼纹通常以黑色颜料绘于橙红色陶器外壁，例如西安半坡出土的各类陶盆，其外壁描绘了各种不同样式的游鱼。单体鱼纹的头、身、鳍、尾、口、目等部位俱全，有的口微张，齿微露，好像在水中游动；有的双目炯炯有神；有的嘴巴微微翘起，仿佛在微笑一般。图案总体上线条流畅，形态逼真，十分具有美感。鱼纹的绘制过程亦是先民的创作过程。在这个过程中，鱼形逐渐向几何形演变，形成不同的变体鱼纹（图 3-10 至图 3-12）。

考古资料显示，甘肃地区某些彩陶中的三角纹图案，不是现在常说的典型的三角纹，而是鱼纹的变体[①]。有哲学家认为，原始时代的抽象图案总是来源于对生活中非常具体的对象的认识。例如，早期人类在生活中用来悬挂器物的藤条、绳结，就能以直线、折线或网格状图案来模拟；水波则可以波纹来代替；动物的牙齿就简化为齿纹等。而鱼类不论是头部、躯干还是尾部，都十分接近三角形，从现有的鱼纹图案来看，不难看出鱼纹向三角纹演变的过程：鱼头部变得愈发简单，变成三角形图案，并出现共首式双尾鱼的样式，或直接舍

① 王仁湘，《中国史前考古论集》，科学出版社，2003 年，第 434 页。

图 3-10　鱼纹演变：单鱼纹彩陶盆、双鱼纹彩陶盆、变体鱼纹彩陶盆（2 个）
（于瑞哲摄于西安半坡博物馆、洛阳博物馆）

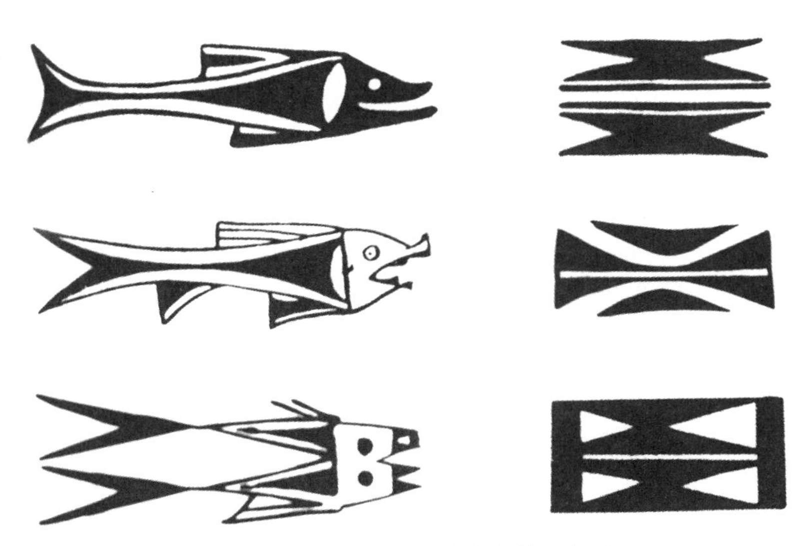

图 3-11　原始鱼纹至变体鱼纹对应图

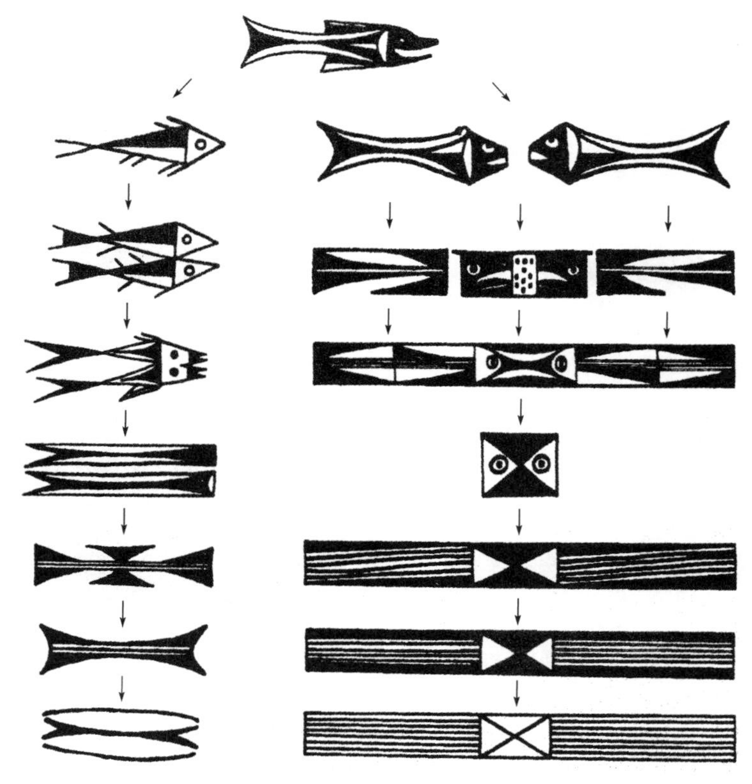

图 3-12　仰韶文化彩陶鱼纹演变示意图（于瑞哲摄于中国国家博物馆）

掉头部，只留鱼体的躯干和尾部；鱼体呈现图案化的趋势，尾柄消失，以“X”形线条代替鱼身和鱼尾，形成首尾并连的双鱼纹，后演变为黑白色相间的三角纹；再通过线条组成复杂的矩形纹样，鱼纹由单一的纪实变为复合的抽象图案。考古学家对这一过程进行了描述：“有很多线索可以说明这种几何图案花纹是由鱼形的图案演变来的……一个简单的规律，即头部形状越简单，鱼体越趋向图案化。相反方向的鱼纹融合而成的图案花纹，体部变化较复杂，相同方向压叠融合的鱼纹，则较简单。”[①] 可见在新石器时代先民已掌握了鱼纹的运用规律和娴熟的绘制技巧。

① 中国科学院考古研究所，《西安半坡》，文物出版社，1963 年，第 185 页。

（二）鱼纹母题

新石器时代的彩陶鱼纹形式多样，富于变化，除了鱼纹自身之间的组合，还有与其他图案的组合。

1. 鱼人图

在 1954—1957 年对陕西省墓葬的发掘中，先后在西安半坡、临潼姜寨、西乡何家湾等半坡类型的遗址中发现了 7 件绘有人面鱼纹的陶器，其中两件较为完整地保留了模样相似却略有不同的人面鱼纹图，以 1955 年出土于陕西省西安市半坡的新石器时代人面鱼纹彩陶盆最为精美，该作品是仰韶彩陶的代表作之一（图 3－13 至图 3－15）。盆内壁绘有一组对称人面鱼纹，一组单体鱼纹。人面呈圆形，头顶一个似鱼鳍的尖状物，像发髻或帽子；前额右半部涂黑，左半部为黑色半弧形；双眼平直似闭目，鼻梁挺直，呈倒“T”形；双耳两旁分置一条小鱼；嘴巴左右两侧分置一条变形鱼纹，口大张，似衔两条大鱼。两个人面鱼纹之间还有两条大鱼互相追逐，构成奇特的人鱼合体图。图绘工艺精湛、结构完整、黑白对比强烈，富有奇幻色彩，充分展现了先民丰富的想象力和艺术才能，令人赞叹。

图 3－13　1955 年出土的新石器时代人面鱼纹彩陶盆（于瑞哲摄于中国国家博物馆）

图 3-14　1955 年出土的新石器时代人面鱼纹彩陶盆局部之人面图案（于瑞哲摄于中国国家博物馆）

图 3-15　1955 年出土的新石器时代人面鱼纹彩陶盆局部之鱼纹（于瑞哲摄于中国国家博物馆）

另有 1974 年出土于陕西省西安市临潼姜寨遗址的人面鱼纹盆，该盆高 22 厘米，口径 40.2 厘米（图 3-16）。

关于图案的含义，相关的佐证资料还十分有限，加之年代久远，学术界众说纷纭，已经出现了近 30 种观点。例如，人面鱼纹与变体鱼纹类似，是某氏族部落的图腾；是用于祈求人口繁盛的图案；是使“鱼状物”向人口中自动行

图 3-16　1974 年出土的新石器时代人面鱼纹彩陶盆（于瑞哲摄于陕西历史博物馆）

进的巫术活动；是半坡人幻想祖先是半人半鱼的形象描绘；等等。另有神话流传说、面具说、摸鱼图像说、太阳崇拜说、权力象征说、原始历法说、外星人形象说等。还有的学者从其用途分析，在新石器时代，此类陶盆多作为儿童瓮棺的棺盖来使用（图 3-17），是一种特制的葬具，盆底有两个小孔，先民认为其可供死者灵魂出入，盆内的鱼和人则可为夭折的儿童招魂祈福。自原始社

图 3-17　西安半坡遗址瓮棺群（于瑞哲摄于西安半坡遗址博物馆）

会人们就已经开始了对死亡和灵魂的探索，这种观念一直延续至汉代仍多有体现。虽说目前人们对人面鱼纹的真正含义还没有一个统一的答案，但这也正是人面鱼纹图的神奇魅力所在。

2. 鱼鸟图

鱼和鸟搭配出现的纹饰很早就产生了，尤其以“鱼鸟争斗”图最为经典。1958 年，陕西宝鸡北首岭遗址出土了鱼鸟纹彩陶壶（图 3－18），壶身绘鱼鸟纹装饰，首尾相逐环绕一周，鸟长颈长喙，头顶生翎，正衔住鱼尾，鱼似在挣扎反抗，一副被钳制的模样。最著名的鱼鸟纹陶器要数 1978 年河南省临汝县阎村出土的鹳鱼石斧图彩陶瓮（图 3－19）。瓮的外壁画着一幅神秘的鹳鱼石斧图，图高 37 厘米、宽 44 厘米，在当时出现这样大型、完整且独立的画作是极为罕见的。该图左边是一只圆眸、长喙、两腿直立于地面的水鸟，它昂首挺胸，双目炯炯有神，嘴衔一条僵硬的大鱼，右边一把竖立的石斧。从艺术的角度讲，鹳鱼石斧图标志着中国史前绘画艺术由纹饰绘画向物象绘画的发展，是人类审美观念和绘画技巧向更高阶段演进的体现。

图 3－18　仰韶文化时期鱼鸟纹彩陶壶（于瑞哲摄于中国国家博物馆）

鱼鸟纹既是鸟捕鱼的现实写照，又可以从中看出当时人类的生活状态。一些考古学者认为鱼、鸟是半坡不同部落的图腾，鱼鸟争斗的情景则反映了以鱼纹为图腾的部落与以鸟纹为图腾的部落之间的冲突与战争。据古籍记载，古时

图 3-19　鹳鱼石斧图彩陶瓮（于瑞哲摄于中国国家博物馆）

游戏曾以获鱼来表达获胜之意：双方各在棋盘自己一方的曲道上排好 6 枚棋子，“二人对坐，坐向局，局分十二道，两头当中名为水……用鱼二枚，置于水中……入水食鱼，亦名牵鱼。每牵一鱼获二筹，翻一鱼获二筹……”[①] 谁先获得 6 根博筹就算获胜。“获鱼”即获胜之意。因而“鸟衔鱼”即表示以鸟纹为图腾的部落获胜，斧则可能是部落首领常用的武器，绘于图上用来彰显自身威力。另外，鱼鸟纹具有强烈的文化寓意。鱼和鸟作为繁殖能力强的两种动物，鸟衔鱼图可能暗含着阴阳交合、生殖崇拜的意味。有学者认为，鸟喻天喻阳，鱼喻地喻阴，鱼鸟图寓意新婚合卺，男女相交，天地相合，阴阳相合，化生万物，子孙繁衍而生生不息；斧则代表人类祈求工具保佑人们吉祥、平安和丰收的生活。“鸟衔鱼”的组合在后世的图案中也有应用，西汉彩绘雁鱼铜灯的造型就是一只鸿雁回首衔鱼的形状（图 3-20、图 3-21），即便历经 2 000 多年，雁的翎羽、鱼的鳞片依然保持着鲜艳的色彩。宋代铜鱼凫尊的凫身尾部被设计为鱼形，犹如鱼入凫肚，其腹部可存物（图 3-22）。还有学者认为，鱼鸟图正是后世龙凤图的萌芽，这对鱼纹的发展与应用影响深远。

① 洪兴祖，《楚辞补注》，中华书局，2015 年，第 171 页。

图 3-20　西汉彩绘雁鱼铜灯（于瑞哲摄于中国国家博物馆）

图 3-21　西汉彩绘雁鱼铜灯，鸟衔鱼造型（于瑞哲摄于中国国家博物馆）

图3－22 铜鱼凫尊，凫身尾部被设计为鱼形，犹如鱼入凫肚。凫尊暗藏机关，凫首上半身可以翻起，腹体可存物（白赛摄于浙江省博物馆）

3. 鱼蛙图

陕西临潼姜寨遗址出土的鱼蛙纹彩陶盆内壁绘有头部同向、腹部相对的两尾鱼，身体圆形、头宽扁、四脚纤细弯曲且外伸的一只蛙；广西出土的蛙负鱼饰羽人纹铜鼓上有“蛙负鱼立体雕像”(图3－23、图3－24)。因为蛙、鱼皆为产卵多、繁殖快的动物，所以鱼蛙的组合被认为是古人生殖崇拜的象征。

图3－23 东汉蛙负鱼饰羽人纹铜鼓（于瑞哲摄于南宁博物馆）

正像人们所说，艺术的功利目的和审美目的并不是互相对立、不可调和的，人类在以艺术创作来满足实际需求的时候，审美能力也在

图 3－24　蛙负鱼饰羽人纹铜鼓上的“蛙负鱼立体雕像”（于瑞哲摄于南宁博物馆）

不断提高。重要的是，这些原始审美观念直接影响了后世对鱼的理解和创作，我们至今仍可看见那个时代的影子。

（三）生殖崇拜

鲁迅在《门外文谈》中对旧石器时代绘画艺术代表作《野牛图》的寓意解释为：“许多艺术史家说，这正是‘为艺术的艺术’，原始人画着玩玩的。但这解释未免过于‘摩登’，因为原始人没有 19 世纪的文艺家那么悠闲，他画一头牛，是有缘故的，为的是关于野牛，或者猎取野牛，禁咒野牛的事。”[①] 那么，我们就可以通过原始人类的笔触，去探究艺术创造的动机，领略距今5 000 年的渔猎生活。尽管我们已很难看出抽象的几何纹到底寓意什么，但原始鱼纹却能充分反映鱼类在原始社会中的重要地位。原始社会生产力低下，面对大自然的威胁，先民的力量显得极其渺小，他们从身边的动物、植物中寻找依靠，以求生存。一方面，原始人类渴求增加出生率以求得人类自身的再生产，这种迫切的需要导致原始人类产生了炽热的生殖崇拜。“在原始人类的观念里，婚姻是人生的第一大事，而物种繁衍是婚姻的唯一目的……鱼是繁殖力最强的一种生物”[②]，于是生命力旺盛、繁殖能力强的鱼类，特别是产卵数量多的鲤便备受

① 鲁迅，《鲁迅全集》，人民文学出版社，2005 年，第 6299 页。
② 闻一多，《闻一多全集・诗经编上》，湖北人民出版社，1993 年，第 248 页。

人类青睐。另一方面，在原始社会生活中，图腾崇拜是先民精神生活和原始信仰的象征，著名考古学家石兴邦认为，半坡人靠水而居，半坡彩陶上的鱼纹，可能就是半坡图腾崇拜的徽号。人类爱鱼、护鱼、崇鱼，并且希望依靠鱼神的力量给人类造福。图腾徽号往往被刻在某些器物上。1961 年鹤壁市庞村出土的青铜礼器上“鱼父乙”的铭文与族徽也印证了这一点（图 3－25）。

图 3－25　“鱼父乙”铜卣铭文（于瑞哲摄于河南博物院）

二、天人关系的探索

（一）升仙思想

灵魂不灭的观念自原始社会兴起后，鱼纹引人升天的思想就像一颗种子深埋在中国古人的内心。1973 年长沙子弹库楚墓出土的战国帛画《人物御龙》是用于引魂升天的铭旌[①]，描绘了逝者乘龙升天的场景，人物左下方以墨线勾勒了一尾栩栩如生的鲤鱼（图 3－26、图 3－27），看似在引着龙驾徐徐前进，意在表示死者灵魂不朽，升归天国，反映出当时楚国流行着引魂升天的思想。直至汉代，这种思想仍被社会各阶层推崇。

西汉初期，鉴于长期的战争导致国家经济崩溃，人民贫困，汉高祖刘邦立即对社会的各项制度进行了调整，实行“反秦之弊，与民休息”的政策。休养生息的政策推广后，西汉经济逐渐得到了恢复和发展，人民物质生活日益丰富，生活水平进一步提高，从而导致了奢侈和享乐思想的产生及蔓延。长年的战争和民不聊生的生活使得人们对现世安稳的生活更加留恋，而对未知的死亡充满了恐惧，于是便虚构出一个自由美好的神仙世界，不仅希望在生时能进入这种仙境，更祈求死后在另一个世界也能继续享受生前的快乐。

① 铭旌，挂在灵柩前表明逝者姓名身份的长幡。

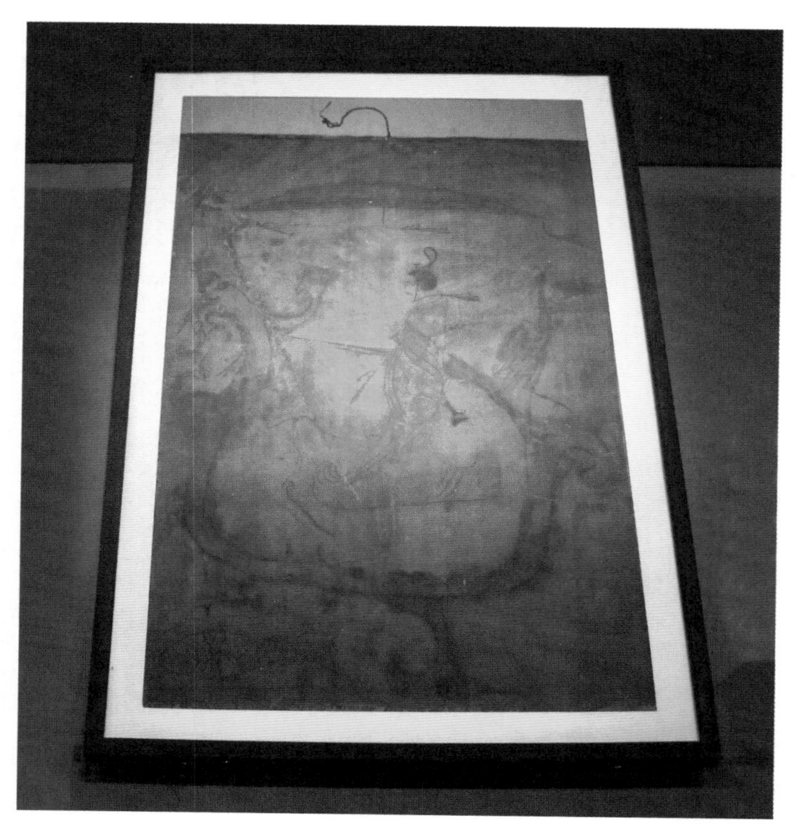

图 3-26　人物御龙帛画（复制品）（谭巧云摄于湖南省博物馆）

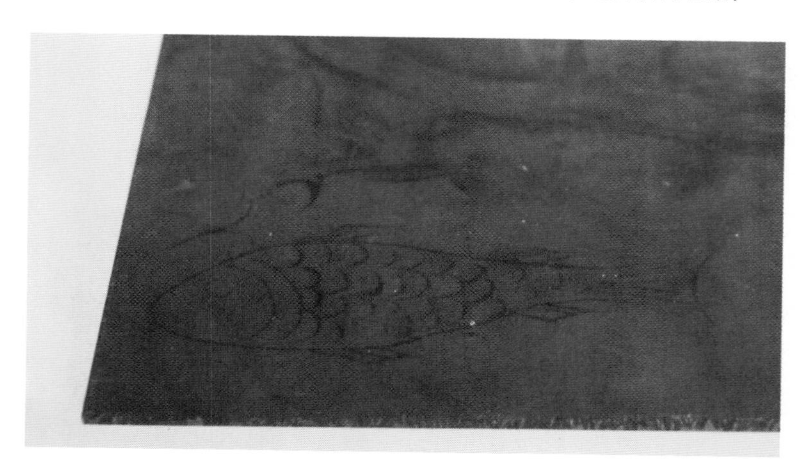

图 3-27　人物御龙帛画局部，左下方引人前进的鲤鱼，其体形轮廓、鱼鳞、鱼鳍、鱼鳃都栩栩如生（谭巧云摄于湖南省博物馆）

这种追求升仙的思想曾广泛流行于汉魏社会。东汉许慎在《说文解字》中释“仙”字为“长生仙去”[①]。“长生”最早出自《老子》，所谓“天长地久，天地所以能长且久者，以其不自生，故能长生”，这里的“长生”指的是天与地之长久的生存。两汉至魏晋时期，因人们对现实世界的留恋和对人间仙境的向往，“长生”成为人所追求的像天地一般不老不死的生存状态。《释名》中说“老而不死曰仙”，即长生不死就能成仙。汉武帝曾极其热衷于求不死之药，求长生之术、异人仙境，但最终不了了之。尽管如此，汉代人依然相信即使生前无法成仙，“升仙”的梦想却可以在死后实现，也就是人们常说的“仙去”。

这种对生命和死亡的认知对汉代的丧葬习俗产生了深远的影响，厚葬之风盛行，举国上下无不争先恐后，耗费大量物力财力，大肆置办丧葬事宜。为了让死者过上如生前一样舒适、安稳的生活，墓室的形制和结构一般模仿墓主人生前的房屋，有前室、中室、后室、侧室，以放置棺椁和随葬品。随葬品囊括了衣、食、住、行等各个方面，车马、食物、牲畜、生活器皿、珠宝、帛画等应有尽有；墙壁则用画像砖石和壁画搭配，这些画以升仙题材为主，有的描绘与天界有关的物品与符号，如星宿、西王母、青鸟等，有的展现祭祀、拜神或向仙界求药的场景，抑或是直接描绘得道高人成仙的升天图，来表现人们对升仙的向往。

（二）乘鲤升仙

在汉人的构思中，很多飞禽走兽都身怀特异功能，是人们升仙的好帮手，如鹤、龟、鹿可直接载人升天，虎、龙、凤、鹿可拉云车载人升天。鲤在升仙画中也是惯用题材，它们生动灵巧，飘逸绝尘，遨游于天地间，既可拉云车成为仙人的交通工具，又可以成为仙人的坐骑。

河南、山东、安徽、山西等多地有鱼车升仙图出土。河南南阳出土的汉代《河伯出行图》画像石，一张图最末端处有三鱼拉一车，车乘二人，前有一驭者，后有一尊者（图 3-28 至图 3-30）；另一图中四尾鲤形鱼拉一云车，车上有华盖，车内坐一驭者、一尊者，两鱼夹车相随，车前有两人持刀和盾开道，车后两人骑鱼相随[②]。山东邹城北宿镇南落陵村也有类似的鱼车图出土，图绘

① 许慎，《说文解字》，九州出版社，2001 年，第 467 页。

② 王建中，闪修山，《南阳两汉画像石》，文物出版社，1990 年，第 154 图。

图 3-28 汉画像砖：《河伯出行图》（于瑞哲摄于南阳汉画馆）

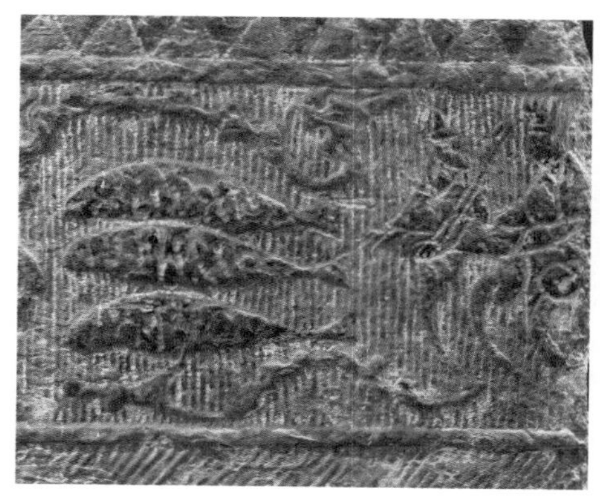

图 3-29 《河伯出行图》局部，三鱼拉一车，据乘鲤典故、画像砖的出土流域及鱼形态推测引车之鱼为鲤

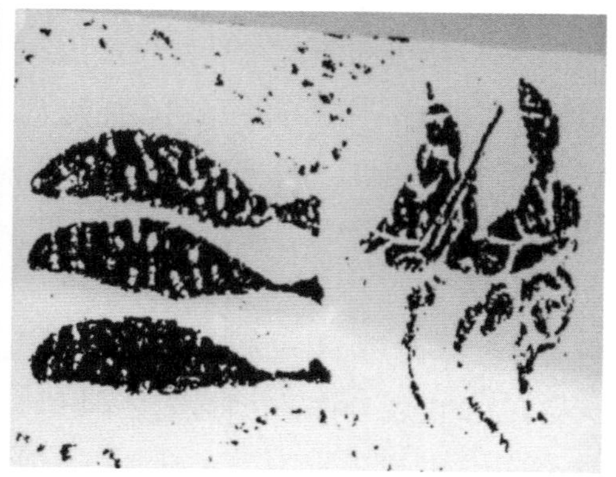

图 3-30 《河伯出行图》局部，三鱼拉一车拓本

三尾鲤形的鱼拉一车，车内坐一驭者、一尊者，竖杆上悬两尾鱼当作车盖，底座由一条龙张嘴托举着二人前行，前方有一人面鱼身者导行，后方有一神人骑着马举着一“U”形曲杆，杆两端悬挂两盏正在放光的宝灯，上方还有一只飞鸟相随①。这类鱼车图中，引车之鱼的鱼身或微微抬起，或仿佛在水中游弋，呈现出一种跃动前进之感；主人公身着宽袖大衣，头戴冠，姿态庄重，看起来身份十分尊贵。

探究鱼车图主人公的身份对图像含义的阐释具有重要意义。目前，学界对鱼车图中的主人公身份尚有争议。一部分学者认为车中坐的尊者是如同河伯一

① 《中国画像石全集 2》，山东美术出版社，2000 年版，图版说明 26 页。

样的海神，还有人认为主人公是墓主人。河伯即我国古代神话中的黄河水神。战国时期楚国伟大诗人屈原的经典作品《九歌·河伯》中有描绘河伯出行的句子："乘水车兮荷盖，驾两龙兮骖螭……灵何为兮水中？乘白鼋兮逐文鱼。与女游兮河之渚，流澌纷兮将来下……子交手兮东行，送美人兮南浦。波滔滔兮来迎，鱼鳞鳞兮媵予。"[①] 在屈原的描绘中，河伯驾驭的是龙车，乘的是大白鼋，鼋即大鳖，鱼只是为其护驾的跟随者。尽管汉墓出土的鱼车图中也有鲤鱼在车旁游动的画面，但并未当作车马的导引者出现。先秦时期楚地巫鬼文化盛行，楚人对神灵怀有顶礼膜拜的虔诚，《九歌》作为经典的民间祭神乐歌，对汉代人们的追仙思想具有一定的影响，但汉代的《河伯出行图》却与它描绘的形象不符，这说明鱼车图主人公是河伯之说也许是加入了现代人的推测与想象。

鱼车图主人公的另一种说法是墓主人自己。在中国古代，车马一直是身份和地位的象征，向来都是"贵者乘车"。《后汉书·舆服志》对汉代的车马制度进行了详细的记载，不同等级的人乘坐的马车大有不同，如普通官吏只能用一匹马拉车，丞相和王公贵族可以用三到四匹马拉车，皇帝则可以用六匹马拉车，车身的饰物和车盖的颜色也都不同，且贾人不得乘马车。所以汉人在墓室中绘车马图，正是为了彰显墓主人的身份和地位。但墓室中拉车的并非马，而是鱼类。从鱼车图中鱼的形状来看，所绘鱼类只省略了鱼鳍部分，整体形态、轮廓与鲤几乎一模一样，故可以推测鱼车图的引车之鱼就是鲤。

纵观汉代典籍，鲤载人升仙的功能其实也有迹可循。《列仙传》："琴高者，赵人也，以鼓琴为宋康王舍人，行涓、彭之术，浮游冀州、涿郡之间二百余年。后辞入涿水中取龙子，与诸弟子期曰：'皆洁斋待于水旁，设祠。'果乘赤鲤来，出坐祠中，且有万人观之……"[②] 赵国有一个人叫琴高，曾经是宋康王的舍人，拥有长生之术。宋康王死后，他便到全国各地云游。有一次，他说自己要入涿水取龙子，众弟子惊愕不已，临行之日，他嘱咐众弟子在河旁设祠堂及斋建，在某月某日某时辰，以静候他的复出。后来，琴高果然如期乘鲤从水中出以至万人空巷，争而观之。他与弟子相欢一月有余，极尽兴致，说要再次入涿，众弟子依依不舍，随赴涿水之畔相送[③]。《初学记·鳞介部》引陶弘景

---

① 《楚辞》，林家骊译注，中华书局，2009 年，第 62 页。

② 王叔岷，《列仙传校笺》，中华书局，2007 年，第 60 页。

③ 马帅，《中国名画全知道》，北京联合出版公司，2016 年，第 317－318 页。

《本草》解释了琴高以鲤为坐骑的原因：“鲤最为鱼中之主，形既可爱，又能神变，乃至飞越山湖，所以琴高乘之。”[①]《抱朴子内篇》将琴高列为道教的真人，用“昔赤松子、王乔、琴高、老氏、彭祖、务成、郁华皆真人，悉仕于世，不便遐遁，而中世以来，为道之士，莫不飘然绝迹幽隐”[②]赞琴高翩然出尘、超凡脱俗之风。据文献记载，琴高之弟子朱仲还曾向汉武帝献过仙珠：“朱仲受之于琴高。琴高乘鱼，浮于海河，水产必究。仲学仙于高，而得其法，又献珠于汉武，去不知所之。”[③]《乐府诗集》也记有“池中赤鲤庖所捐，琴高乘云腾上天”[④]的事迹。后世诗人以琴高之名作鲤之代称，如黄庭坚诗云：“霜林收鸭脚，春网荐琴高。”[⑤]明代李在还画了《琴高乘鲤图》来表现琴高辞别众弟子乘鲤而去的情景（图3-31）。

图3-31　明·李在《琴高乘鲤图》
（来自上海博物馆官网）

另外，《列仙传》还记载了子英乘鲤化仙的故事。“子英者，舒乡人也，善人水捕鱼，得赤鲤，爱其色好，持归着池中，数以米谷食之。一年，长丈余，遂生

---

① 《初学记》，中华书局，1962年，卷三十鳞介部。
② 李敖，《朱子语类·太平经·抱朴子》，天津古籍出版社，2016年，第559页。
③ 欧阳询，《艺文类聚》，卷八十四，宝玉部下。
④ 出自《乐府诗集》卷五十五，舞曲歌辞四。
⑤ 出自黄庭坚《送舅氏野夫之宣城二首》。

角，有翅翼。子英怪异，拜谢之，鱼言：‘我来迎汝，汝上背，与汝俱升天。’即大雨，子英上其鱼背，腾升而去。岁岁来归，故合食饮，见妻子，鱼复来迎之，如此七十年。故吴中门户皆作‘神鱼’，遂立子英祠云。”① 这个故事明确指出人们将鲤视为“神鱼”供奉。后人也以“角鲤”指化仙的鲤鱼，清代王式丹所作《南中书事》一诗中的“欲披角鲤池边草，旋揽都鹅洞里云”正有此意。

福建仙游县还流传着何氏九兄弟跨鲤升仙的故事②，传说他们炼丹济世，普度众生，某次在湖边赏月时，湖中金光闪闪，跳出九条鲤鱼，身有翅膀，他们就各乘赤鲤而去，人称“九鲤湖仙”，可见民间也有将鲤视为仙人坐骑的观念。

这些记载或传说无不说明了乘鲤升仙的典故在汉代社会广泛流传，所以在汉墓出土的《鱼车图》中，鲤为引人升天的引导者或者作为一种升天的交通工具而服务于人类，成为人与仙之间的媒介，帮助人们表达对人死后的升仙诉求。1953 年，洛阳涧河西岸发现了一个东汉墓，系一夫三妻合葬墓，墓主人姓名不详，其石质墓门的门楣上绘刻有三尾并排的鲤鱼（图 3－32），另有一墓室刻鱼龙纹（图 3－33），

图 3－32　东汉墓室门楣绘刻的鱼图，鱼目、鳃、鳞、鳍等关键部位均已绘刻出，形态似鲤，又因鲤能通神，我们认为此鱼纹原型为鲤鱼（于瑞哲摄于洛阳古代艺术博物馆）

① 王叔岷，《列仙传校笺》，中华书局，2007 年，134 页。

② 《九鲤湖的故事》，福建人民出版社，1984 年，第 1－2 页。

图3-33 东汉墓室门楣鱼龙壁画（于瑞哲摄于洛阳古代艺术博物馆）

就是接引墓主人升仙的意思。墙壁上的鲤鱼并非采用写实的画法进行绘刻，腹部比较平直，鱼鳍用线条统一代替，但头、鳃、鳞仍十分清晰。墓室出土于河南洛阳，古人有“洛鲤伊鲂，贵于牛羊”的说法，故推测此处鱼纹可能是鲤鱼纹。

（三）人文价值

升仙愿望的背后绝不是迷信思想的泛滥，而是先民对生命和死亡进行的一系列探索，是重视生死问题的表现。

从汉初的黄老之道，到董仲舒所创建的以儒家宗法思想为中心、杂以阴阳五行说的新的思想体系，汉人的思想信仰是复杂的，他们的脑海里既有儒家的伦理纲常，又有对长生化仙的向往，还继承了原始巫术的遗风。而且，春秋战国至西汉前期，社会一直处于战乱动荡的环境中，人性逐渐觉醒并得到发展。在人与天的关系方面，人们更加关注现实生活，不再盲从于天，《抱朴子》云：“夫陶冶造化，莫灵于人。故达其浅者，则能役用万物；得其深者，则能长生久视。”[①] 这说明汉人已认识到虽然大自然的力量是无穷的，但在万物中最神

① 李敖，《朱子语类·太平经·抱朴子》，天津古籍出版社，2016年，第503页。

奇珍贵的还是人，人们更加关注个体生命的力量，相信可以通过自身的努力和悟性达到成仙的境界。这种人文思想的发展使人变得更加独立和自觉，所以他们并不盲目地追逐各种思想流派，而是有选择地、依据人自身的需求，将它们互相融合，为己所用。因此，汉人的人文思想是怀着较强的功利目的的，他们希望鱼神能够引导故去之人升入天界，以此得到精神上的慰藉，所以设置了仙界的接引者来为人服务，鲤就是其中之一。如岑参《阻戎泸间群盗》中有“愿得随琴高，骑鱼向云烟”[①]，此处骑鱼代指乘船；韦庄《和侯秀才同友生泛舟溪中相招之作》中“轻如控鲤初离岸，远似乘槎欲上天”[②] 等也有此意。

作为升仙的引导者，鲤不但彰显了人与天的和谐关系，而且寄托了对故去之人的人文关怀之情。故升仙鲤图代表的是人们在天人关系的探讨中逐渐产生的关注人的现实生活、重视人的自身价值、追求人的自由的思想，展现出了中国古代的人文精神。

三、孝德精神的传承

（一）孝德文化

笔者在对含鲤的画作进行研究时，发现有一类展示孝行的壁画与鲤有关。“卧冰求鲤”最早出自东晋时期干宝的《搜神记》，讲述晋人王祥冬天为继母在冰上捕鱼，忽然冰裂，鲤跃而出的故事。“王祥卧冰求鲤”的墓壁画出自宜阳韩城仁厚村（图 3 - 34），画中主人公王祥正赤身卧于冰上，身边还放着一个竹篓，似乎时刻准备着盛鱼。

孝是儒家思想文化的核心要义之一。董仲舒提出的“罢黜百家，独尊儒术”于汉武帝时期正式推行，因其维护了封建统治秩序，神化了专制王权，一经推出便受到中国古代封建统治者的大力推崇，成为 2 000 多年来中国传统文化的正统和主流思想。这一新的思想体系以儒家思想为核心，通过三纲五常的教化来维护社会伦理道德，从而巩固大一统的封建制度。“三纲”即“君为臣纲，父为子纲，夫为妻纲”，它规定了君臣、父子、夫妻的社会尊卑，其中

① 《全唐诗》，中华书局，1997 年，第 2053 页。
② 《全唐诗》，中华书局，1997 年，第 8090 页。

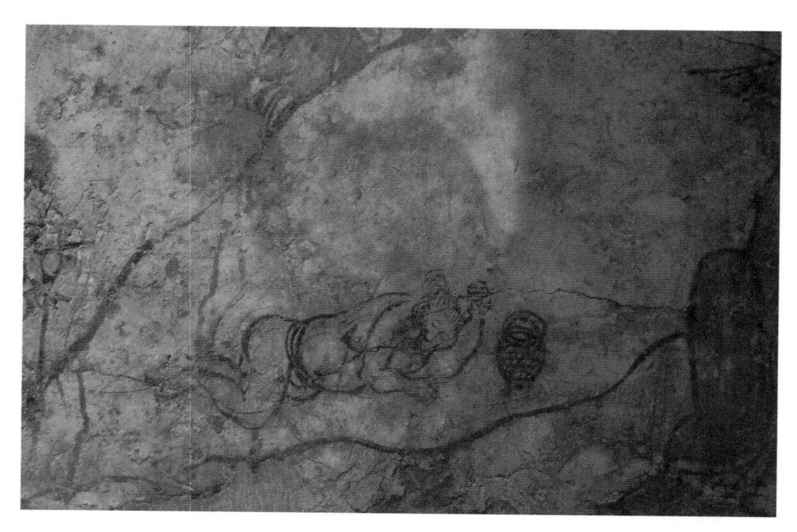

图 3-34　卧冰求鲤壁画（于瑞哲摄于洛阳古代艺术博物馆）

“父为子纲”是基础，它要求子女对父母应当无条件地、绝对地顺从，即便父母有过错，子女也应当为其隐瞒，触怒父母就是不孝。“五常”包含“仁、义、礼、智、信”，是处理君臣、父子、夫妻、上下尊卑关系的基本法则。在以小农经济为基础的古代中国社会中，家庭稳定是有助于小农经济顺利生产的重要一环，所以统治者历来十分重视家庭的和谐，以家庭道德观来约束、管理群众[①]。因此，儒家思想中的“孝”就被提到了首要地位，不仅成为处理家庭关系的重要规范，而且还由之建立了“举孝廉”的察举制度，即通过孝廉选举出来的人才不需要再经过考试就可直接被政府任用，没有官职的给予小官，已有官职的则加以提升，王祥就是因为孝而被推举入仕的。至此，“孝”被披上了封建专制的外衣，众多孝子为了加官晋爵，争先恐后地大行孝道，为自己宣扬孝行，树立口碑。

（二）孝感故事

元代郭守正将历代二十四个孝子的事辑录成书[②]，由王克孝绘成《二十四

① 徐玲，《汉代以孝治天下原因探析》，《商丘师范学院学报》，2007 年，第 23 卷，第 4 期，第 58 页。

② 《二十四孝》全名《全相二十四孝诗选》，一说是元代郭守正编录，另一说是其兄郭居敬撰，第三种说法是郭居业撰。

孝图》在民间广泛流传。洛阳古代艺术博物馆展出的某复原古墓中，墓室四周墙壁有四幅孝子图，其中卧冰求鲤图中的王祥似乎正在仰望从河中跃出的鲤鱼（图 3－35），中国国家博物馆也有类似壁画收藏（图 3－36）。

图 3－35 卧冰求鲤壁画（于瑞哲摄于洛阳古代艺术博物馆）

图 3－36 孝子故事砖雕——卧冰求鲤（于瑞哲摄于中国国家博物馆）

儒家经典著作《孝经·感应章第十六》认为人的所作所为能被天感知到，子女孝敬父母就可以感动天地鬼神，也就是“孝感动天”的意思。

鲤是富贵的象征，成为子女尽孝的工具，与鲤有关的孝感故事十分常见，如“卧冰求鲤”即是典型，王祥的乡邻们都认为鲤鱼出水是他的孝顺感动天地的结果。《二十四孝图》中“姜诗涌泉跃鲤”也证明了孝的行为能通神。据记载，汉人姜诗和他的妻子庞氏很孝顺母亲，母亲喜欢吃鱼脍和喝江里的水，庞氏便每天去六七里外的江边提水。某日庞氏取水晚归，姜诗怀疑她怠慢母亲，将她逐出家门；婆婆知道了庞氏被逐之事，令姜诗将其请回。庞氏回家这天，房屋的旁边忽然涌出泉水，水的滋味竟和江水一样，每天会有两条鲤鱼跳出来，他们便每天做鱼脍供奉婆婆，不必远走江边了。《二十四孝图》解释称：“姜诗夫妻，孝奉甘旨。舍侧涌泉，日跃双鲤。”[①] 两晋十六国时期的王延也是至孝之人，为了给继母捕鱼在冰上痛哭：“王延性至孝，继母卜氏尝盛冬思生鱼，敕延求而不获，杖之流血。延寻汾，叩凌而哭，忽有一鱼长五尺，跃出冰上。延取以进母，卜氏食之，积日不尽，于是心悟，抚延如己子。”[②] 《搜神记》还记载了一篇东晋楚僚卧冰求鲤的故事。楚僚早年丧母，继母卧病在床，某日梦到一个小儿对她说：“若得鲤鱼食之，其病即差，可以延寿。不然，不久死矣。”继母告诉楚僚后，楚僚就为她去河边捕鱼。当时正值十二月，冰冻三尺，楚僚脱衣卧于冰上，冰忽然裂开，跃出两尾鲤鱼，楚僚将鱼供奉给继母后，继母的病也痊愈了。

（三）精神寄托

对于古人为何会把“卧冰求鲤”孝子图保存在墓室中，还要从汉代学者董仲舒的思想成就说起。董仲舒在提出“三纲”“五常”的同时，还提出了“天人感应”论，即天意与人事是会交感相应的。人们相信鲤是受了子女孝行的感化，自主地从冰下、家中跃出，将自己作为上天的奖赏贡献给实施孝行的人。鲤破冰而出在古代社会中的确是难以解释的事情，具有浓厚的神秘色彩。

自北魏中后期开始，孝子主题的图像基本就以描绘神秘的孝感故事为主，

① 周馨楠，《二十四孝图文集》，江苏美术出版社，2007 年。
② 干宝，《搜神记》，浙江古籍出版社，1985 年。

着重表现孝德行为产生的后果——获得上天或神灵的奖励。这种神秘色彩越是捉摸不透，越是让百姓着迷，古人渐渐相信，不仅孝悌行为本身能通神，孝子故事的图画也同样具有通神的功能。所以，墓主人的后代把孝子故事刻在墓中，一方面，墓主人的后代可以凭借孝子图彰显自己的孝行，以便从社会上获得物质上的优待和精神奖励；另一方面，墓主人希望自己感动上天，获得来自上天的嘉奖。

"孝感动天"到底是古人加以想象、言过其实的传闻，还是统治者有意宣扬、维持社会稳定的手段，我们不得而知，但在古代鲤一直都是神鱼的代表，人们以天人感应的思想为依托，用鲤来宣扬孝感动天的思想，既让鲤成为寄托孝精神的载体，又为它赋予和增添了纲常伦理的使命与神秘莫测的面纱。

四、鱼乐思想的展现

画作像诗词一样，具有寄情抒怀的功能，唐宋时期文人绘画形成了巨大的艺术潮流，尤其在宋代，绘画领域发展繁荣，在题材、内容的选择上更广泛、更独立，鲤悠然和跃动的姿态吸引了文人士大夫的目光，这时鲤才真正地作为描绘主体出现在画作之中。文人鲤画所表现出来的志趣与审美追求也在绘画史上独树一帜。

（一）集大成者

北宋刘寀是画鱼第一人，他笔下的鲤鱼生动活泼，惟妙惟肖。据记载，他的《群鱼戏荇图》《落花游鱼图》《戏藻群鱼图》《群鲅戏菱图》《泳萍戏鱼图》等30件画作被北宋御府收藏。其代表作品《落花游鱼图》[①] 着笔细腻，图绘群鱼在水中游弋，水草随波晃动，浮萍点点。画幅横长255.3厘米，纵26.4厘米，宏大壮观。画法全用渲染法，不见勾勒，鱼鳞与鱼身融为一体，生动和谐；色泽鲜而不艳；全图画水不着一笔，而以水草翻动和鱼儿畅游表现出水的流动之感，具有一种涵泳自然之态。《宣和画谱》对刘寀的评价颇高，称其

① 现藏于美国圣路易美术馆。

"善画鱼，深得广戏浮沉，相忘于江湖之意"[1]。刘寀的笔触细腻独到，画风清新雅致，画法独创一格，为读者展现了一幅幅悠然自得、诗情画意的水中画卷，对同代和后世的画鱼之法都产生了较大影响，如宋代范安仁、陈可久，宋末元初的周东卿，基本承袭了刘寀的画鱼技法。

宋末元初的周东卿有《鱼乐图》[2]，是一幅近 6 米长的横幅长卷，画中有近百尾大大小小、不同种类的鱼，包括鲤、鲫、鲇、鳜、鲢和草鱼，一派自由轻松、舒适悠闲的意境。水的画法与刘寀一样作留白处理，鱼体以淡墨渲染，辅以细线勾勒细节之处。最精妙的要数末端的那一尾大鲤，其头部形态准确，鳞片以线条精心勾画，鱼尾处还着了些红色，不难推测这可能是一尾"金鳞赤尾"的黄河鲤，而它似乎刚刚调转过头来面对作者，流露出欲与人交流之意。

明代缪辅的《鱼藻图》以一尾大鲤鱼为主体，鲤神态安详地悠游，似正欲下窜捕食，与远处的小鱼、水草相映成趣，具有鱼深藻浅的层次感，虽是明代画风，以线条勾勒鱼体和鱼鳞，但在鲤的造型上能看出来确有借鉴刘寀的画法，甚得刘寀"风萍水荇，鳞尾性情，无不生动"之精神。

清代"扬州八怪"之一的李方膺也善画鱼，其代表作《游鱼图》绘 5 尾活泼跃动的鲤鱼争相穿越于河水间，它们姿态各异，有的跃出水面，有的徜徉水中，5 尾姿态不同的游鱼组成一条反向的"S"形曲线，鱼头、鱼尾相互呼应，既有形式上的美感，又渲染了腾跃而出的气氛。其画水法比刘寀画鱼更精湛，即水面不但不着一笔，更无水草等任何陪衬，画面景物虽少却达到了"意到笔不到，风景在画外"的艺术效果，生动传神而富有情趣。画幅右边题诗"三十六鳞一出渊，雨师风伯总无权。南阡北陌槔声急，喷沫崇朝遍绿田"。这与游鱼相得益彰，使整幅作品成为诗、书、画完美结合的佳作。据考这是李方膺罢官之后的作品。作者以游鱼自喻，抒发他久困樊笼后辞官归隐乡居的愉快心情和田园乐趣，表现他向往自由生活的思想及其品格情操。宋代文人画多取材梅兰竹菊、花鸟、山水，李方膺也善画梅，但在晚年他选择鱼为创作题材来抒发感情，拓宽了文人画的表现领域和审美情趣，另有《双鱼图》《鲂鲤贯柳图》《鲇鱼图》等传世。

---

① 《宣和画谱》，王群栗点校，浙江人民美术出版社，2012 年，第 96 页。

② 现藏于美国大都会艺术博物馆。

受文人画作的影响，以鲤为题材的瓷绘自宋代起蓬勃发展。瓷绘中的鲤大多以写实为主，明代开始流行在瓷器上绘包括鲤、水藻、蒲草、荷叶在内的水底全景画，称鱼藻图，如明代掐丝珐琅鱼藻纹高足杯（图 3－37）、明嘉靖年间的五彩鱼藻纹盖罐（图 3－38），绘画风格写实，鲤跃动的身姿和体态都十分真实，鳞、须、鳍栩栩如生，线条简约、流畅，到清代则更加艳丽、奢华。

图 3－37　明代（公元 1368—1644 年）掐丝珐琅鱼藻纹高足杯，可以清晰地看到须随波而动，鲤鱼特征十分明显（于瑞哲摄于中国国家博物馆）

图 3－38　明嘉靖年间（公元 1522—1566 年）五彩鱼藻纹盖罐，描绘了真实的水底世界，罐身所绘鱼类形态似鲤（于瑞哲摄于中国国家博物馆）

五四运动后，画鲤的名师不断涌现。迟明先生是当今画坛上广受称誉的画鱼高手，尤其擅长画鲤鱼，专攻江南水乡鲤鱼的创作。古往今来，画鱼最讲究的是一个“活”字，“活”即在水中游动的真实自然之感，若能画出游动之感就是把鱼画“活”了。他的每幅作品都用白描勾勒，以彩笔布鳞，慢慢渲染，用西方绘画的光与色，赋予鲤鱼鲜活的生命，给人“手不敢触，唯恐逸去”的真实感。他笔下的鲤丰腴饱满，双目逼真传神，他的代表作《春暖鱼跃》画出了落英缤纷，春水融融；《鱼知余乐》画风自由欢快，充满活力；还有《九鲤图》《江南春色》《月是故乡明》《濠梁之乐》《鲤跃龙门》及丈二巨幅的《百鱼图》等数十幅画鲤的作品均被广泛珍藏，他被《人民日报》《中外论坛》等报刊誉为“中国画鲤鱼第一高手”[①]。

现当代画家吴青霞善画鲤鱼，学时临摹宋、元、明、清各派各家工笔画，深得其精髓，又融入自创的独特技法，她画的鲤鲜活异常，生机勃勃，有“鲤鱼吴”之雅称。还有罗鼎华、蓝健康、朱贵成等画鲤名师，他们的作品常被刊于报纸、杂志，或印成挂画、邮票，十分受现代人的追捧。

（二）鱼乐之乐

文人通过对鲤的刻画而展现出的对大自然的赞美，而鲤自由、跃动的神态更是反映出了作画者内心的世界。文人对鱼的思考很多来自庄子，《庄子·秋水》记载了庄子和惠施于濠梁之上关于“鱼之乐”的辩论：

庄子与惠子游于濠梁之上。庄子曰：“儵鱼出游从容，是鱼之乐也。”惠子曰：“子非鱼，安知鱼之乐？”庄子曰：“子非我，安知我不知鱼之乐？”惠子曰：“我非子，固不知子矣；子固非鱼也，子之不知鱼之乐，全矣。”庄子曰：“请循其本。子曰‘汝安知鱼乐’云者，既已知吾知之而问我。我知之濠上也。”[②]

庄子和惠子一道在濠水的桥上游玩。庄子说：“白鲦鱼游得多么悠闲自在，这就是鱼儿的快乐。”惠子说：“你不是鱼，怎么知道鱼的快乐？”庄子说：“你不是我，怎么知道我不知道鱼儿的快乐呢？”惠子说：“我不是你，固然不知道

---

① 蔡宁，《江南渔翁》，《诗歌月刊》，2003 年，第 6 期。

② 《庄子》，孙海通译注，中华书局，2007 年，第 242 页。

你；你也不是鱼，你不知道鱼的快乐，也是完全可以肯定的。”庄子说：“还是让我们顺着先前的话来说。你刚才所说的‘你怎么知道鱼的快乐’的话，就是已经知道了我知道鱼儿的快乐而问我，而我则是在濠水的桥上知道鱼儿快乐的。”

庄子与惠施既是朋友，又是辩论的对手，两人常常就某个话题进行辩论。这篇“濠梁观鱼”是以鱼是否快乐为主题的辩论。从逻辑上说，似乎惠施占了上风，因为人和鱼是不同类的，人怎么会知道鱼的心理？况且鱼是低等动物，本身并不具有主观意识，更不会有喜怒哀乐等情绪。但从审美体验上来说，庄子也是有道理的。庄子生活在礼崩乐坏、诸侯纷争、天下大乱的战国时代，他不愿与统治者同流合污，同时为了在乱世中保全自己，便隐居著书，潜心研究道学。庄子认为，人活在世上必须旷达、泰然，要逍遥自在、顺其自然，所以当他看到水中鱼儿自由自在、从容游动的状态，便发生了审美“移情”，觉得鱼也是快乐的。所谓“移情”，就是把自己的情感移至外物身上，觉得外物仿佛也有同样的情感。庄子通过观察鱼自由的状态，把自己游于濠梁之上的快乐移至鱼身上，因而他不禁发出感叹，这河中之鱼不就是逍遥自在的精神象征吗！

庄子看到的“鱼之乐”，不仅仅是一种愉悦的情绪，而是“不知物我”的境界。庄子推崇“天地与我并生，万物与我为一”（《齐物论》）的观念，在移情的瞬间他的“自我”与天地万物间的界限便消失了，对鱼的主观感受达到了“鱼与人”“物与己”合一的状态，由此而进入忘我的自由境界。这是天地间最大的快乐，也是最大的自由。庄子的鱼乐思想是后世文人画鲤的主导思想。“鱼乐”这一题材在中国画作中反复出现，体现了文人对庄子“鱼乐”这一哲学精神的向往和追求。例如，周东卿的《鱼乐图》中题诗：“非鱼岂知乐，寓意写成图。欲探中庸奥，分明有象无。”表明自己尽管不是鱼，但也能读懂鱼的快乐；好友文天祥赞他“观君潇湘图，起我濠上心”（文天祥《赠周东卿画鱼》）。意思是看他的《鱼乐图》就能感受到快乐。

（三）精神追求

古代文人踏入仕途后，才发现他们的政治生活并非康庄大道，无法实现人生抱负更是十有八九。特别是明清时期，在“文字狱”频发的黑暗政治生活中，文人士大夫遭遇挫折后往往痛读《庄子》，寻找精神的寄托与自由，排遣痛苦，于是“鱼乐之辩”就给人们提供了心灵安顿的场所。文人墨客们以玩世不恭的态度投身鲤绘画创作，轻视现实、躲避矛盾，一方面，不愿与世俗为伍，求得精神上“鱼我合一”的自由心境，希望自己能像鱼一样在水中悠然从容地生活；另一方面，又欲借鲤鱼跃龙门之意寻找出路。例如，元代佚名《跃鱼图》①，图中一尾大鲤鱼自水面奋力跃出，体型肥大饱满，在空中似是打了一个圈，眼睛向下望着刚跳起的小鲤鱼，两相呼应；下方水面波涛汹涌，卷起层层浪花，衬托出鲤跃起的强烈动感。

庄子又曾提出游世思想，认为在黑暗的现实环境中想寻求个人出路几乎是不可能的，不如以彻底的戏弄姿态直视黑暗世界的恶意摆布，来对抗和嘲讽现世的政治生活②。

明末清初画家朱耷受庄子思想影响，他创作的鲤鱼形象与众不同，具有强烈的个人风格。朱耷，号八大山人，是中国画的一代宗师。他笔下的鲤鱼形象怪诞奇异，个个都翻着白眼。他的《鱼石图卷》中段绘有二尾鲤鱼，一近一远，在一块石头旁边；一尾较肥，一尾细长，鱼尾翘起，鱼目上翻，形象怪异。画上题诗：“双井旧中河，明月时延伫。黄家双鲤鱼，为龙在何处。”若不看作者的题诗，其实很难看出所绘之鱼是鲤鱼，其更像两尾僵直翻白眼的死鱼。他的《鲤鱼图》极为简单，整幅仅有鲤鱼一尾，仰身斜上，似要冲向水面，又像身体僵直不得动弹；鱼目圆瞪，加以浓墨点出圆睛，仿佛有很强的穿透力。也许是他特殊的身世和经历造就了他怪异的作画风格，朱耷本是皇家世孙，前后经历了明代灭亡、父亲早逝，他隐姓埋名潜居山野，又经妻子亡故，内心极度忧郁、悲愤，剃发为僧，曾一度精神失常，只得在创作中寄托自己孤寂的灵魂。

1683 年，清王朝收复台湾，南明残存势力灭亡，宣告了明代皇族反清斗争的彻底结束，而据考证，几乎在同年朱耷（约 58 岁时）开始创作鱼鸟图，以单鱼孤鸟来表达内心的纠结与孤独。《鱼石图卷》题诗“黄家双鲤鱼”句中的“黄家”指清王朝，“双鲤鱼”则比喻战争等灾异，典出《搜神记》，其中记

① 现藏于美国波士顿艺术博物馆。

② 颜世安，《论庄子的游世思想》，《南京大学学报（哲学·人文科学·社会科学版）》，1999 年，第 2 期，第 68 页。

载晋武帝太康年间有双鲤鱼出现在武库屋顶上，武库是存放兵器的地方，鱼有鳞甲，也是兵甲之类。鱼属极阴之物，屋顶却是极阳的地方，鱼出现在屋顶上象征着极阴之物用兵革的灾祸冲犯极阳的地方，兵祸遂起。后来即以鱼类某些不常见的现象作为灾异的预示①。因此，朱耷的鱼自由却落寞，暗指明代被清兵推翻一事，又从僵直的躯体和白眼中折射出对黑暗世界的反抗和鄙视，反映了他内心深处无法化解的孤独与冷漠。

朱耷这种远离现实的思想可以说是庄子游世思想的继承与体现。但正因为这种消极、负面的思想，当前学术界对其不太重视，认为这是在故意提倡不负责任的人生态度和消极处世的悲观主义。事实上，不管是鱼乐思想还是游世思想，都是古代文人对精神自由问题的讨论。游世思想不是一种人生出路，也不是人生目标，更不是以消极的态度放弃人生责任的借口，而是在提倡一种以游戏态度与黑暗周旋的生存方式，是坚持自己不愿向世界妥协的孤傲与认真的态度，在对自然世界的深刻理解中，重新寻找生命的意义。

因此，在宋代以后的文人鲤画创作中，鲤已不是原始社会人们观物取象之后的图形符号，也不同于汉魏时期求仙的媒介与工具。文人士大夫更加关注鲤的生活状态，他们用主观情感去感受鲤，崇尚一种“我就是鱼，鱼就是我”的精神境界。在哲学观念上，体现的是中国哲学体系中天人合一、物我合一的思想体系；在主观情感上，作者画鲤的自由自在，就是在借鲤表达个人对精神自由的追求。

鱼不同于其他生物的特征，就是能够借水体快速游动，从而呈现出一种无拘无束的快乐姿态。它能够拥有自由，又能亲近自然，展现生物在生存环境中最原始的状态，而这恰恰是被世俗所累的文人士大夫所得不到的。文人士大夫鲤画作品中的鲤正是文人自己。文人透过鲤的眼神看世界，通过描绘鲤的神态进行情感宣泄，不过是文人士大夫逃避世间不如意、表达自我的一种方式。庄子赋予鱼快乐、自由的精神思想。鲤作为中国几千年来流传的神鱼，更加激发了文人士大夫的创作灵感，成为中国文人士大夫寄情感怀的承载物，描绘鲤之乐也成为希望摆脱束缚和寻找生命真谛的文人士大夫的精神寄托。

---

① 干宝，《搜神记》，马银琴、周广荣译注，中华书局，2018 年，第 144 页。

第三节　饰人饰物，君子之鲤

自旧石器时代中期开始，随着人们审美水平的提高，原始先民就开始利用兽牙、贝壳、鱼骨、石珠等天然物品制造串饰①。到了奴隶社会时期，为了显示自身的尊贵与地位，上层贵族继承了佩戴装饰品的传统，用海贝、铜质鱼、玉质鱼制成更加精致的头饰、腰饰、颈饰等装饰品。

玉质鱼形件最早可追溯至新石器时代，在长江下游太湖流域的良渚文化时期和西辽河上游流域的红山文化都有少量发现，这些玉鱼有的放在墓主人身上，有的在脚旁，有的在双臂下，有的含于口中②。到了商周，玉鱼的数量大增，笔者在走访河南、山西、陕西、北京、湖南、湖北等各地时发现各式各样的玉鱼在当地出土。河南安阳殷墟的妇好墓是目前出土的商代墓葬中玉鱼的数量最多的，仅装饰玉鱼就 75 件，另还有鱼形玉器，包括耳勺、刻刀、玉璜共上百件③。1974 年，考古工作者在陕西省宝鸡市茹家庄发现了距今 3 000 年的“弜”④ 国墓地，出土玉器达 554 件，其中玉鱼 72 件，有弧形弯曲状、细长条形、三角形和宽窄均匀形，数量之多、制作之精美令人叹为观止。

有一种说法认为，墓穴中的铜鱼是一种在西周时期流通的货币。郑家相在《贝化概说》中述：“渔民所用之化币，于贝化之外，更有所谓鱼币者，鱼币亦铜质，鱼形，一面平夷，有首有尾，有目有鳞，如半爿之符鱼……近在黄河沿岸，颇有出土。”这些鱼币可能是居住在黄淮间的部族所制造的，这些部族滨水而居，以渔猎为主，经常捕鱼、食鱼，人们之间互相交换馈赠也是人之常情。后来贸易行为逐渐扩大，便以鱼作为代表价值的砝码。加之先后有许多铜鱼出土，其大多有使用过的痕迹，有些甚至磨损严重，不少学者以此力证墓穴中的铜鱼确为鱼币，例如，摄于浙江省宁波市中国港口博物馆的鱼形币（图 3 - 39）。

---

① 在旧石器时代晚期的北京市周口店龙骨山“山顶洞人”遗址中，曾出土有穿孔的石块、兽牙、鲤科鱼类的大胸椎和尾椎化石，考古学家推测此为原始人类的早期饰品。

② 范桂杰，胡昌钰，《巫山大溪遗址第三次发掘》，《考古学报》，1981 年，第 4 期，第 462 页。

③ 中国科学院考古研究所安阳工作队，《殷墟妇好墓》，文物出版社，1980 年。

④ 会意字，左边为“弓”，右边是“魚”。最早发现是在“弜”国遗址出土的青铜器上，但因年代过于久远，现已无法查阅此字。

图 3-39　鱼形币，有首有尾，体被圆鳞，鱼鳍清晰，有可能是根据鲤的形态仿制而成（吕浩摄于浙江省宁波市中国港口博物馆）

但根据玉鱼上的穿孔，也有学者质疑“鱼币”之说，认为这些鱼形物是作穿绳佩戴之用的。由于年代过于久远，学界至今没有一个公认的说法。从鱼形物的雕刻技法来看，先秦时期已出现了类似圆雕的较为立体的雕刻手法，对鱼的生理特征进行细致刻画，说明先民对鱼的认识越发深刻、全面。

鱼经历了从饰物到饰人的转变，春秋战国至汉魏时期，鱼形配饰较为罕见，直至汉魏时期出现了以鲤为原始形象的悬鱼与鳌鱼，被人们用来装饰房屋等建筑物。随后，唐代“鱼符”成为身份与地位的象征，普通人家更不敢随意佩戴这类配饰，因此鲤饰人的功能还要从宋代说起。

宋代文人士大夫的崛起，使佩鱼在宋代之后重新开始流行。这时的鱼形挂件整体偏小，更适合人们的日常佩戴，而且可以从其形态样貌分辨出鱼的种类。其中与莲花一同出现的鱼类推测为鲤，寓意“廉洁有余、连年有余、多子多福”的美好期盼；呈浑圆的“C”形鱼体、卷尾幅度较大，且鱼体较长的，推测也应当是鲤[①]。

随着渔业文化的世俗化，鱼形物进入大众的日常生活，可惜的是，在现代生活中，鲤饰人饰物的功能几乎已被快节奏的社会环境抛弃了，鲤饰品蕴含的“礼”性也不被现代社会所重视，但在弘扬文化自信的今天，应当为人所知并广泛弘扬。

一、入葬以明制

从我国各地出土的青铜器和玉器来看，自商周以来，我国已有大量铜鱼、玉鱼贴身殓葬的现象，这几乎都源自商周至汉代严格且详尽的丧葬制度。

这些鱼形器物形态各异，长短、大小不一，还融入了创作者的艺术表现，使它不仅呈现出鲤形，更像是长条形、三角形、四边形、弧形或半圆环形。所以，单凭鱼形物的外形就推断鱼是否由鲤刻画而来难以令人信服。但是，先秦时期的玉鱼在鱼形器物的创作中占据重要地位，可以说是当今鱼形挂件的最早形态，而且它寓意深厚，内涵丰富，彰显了商周时期最核心的“礼”之精神，是后世鲤形饰品创作的灵感来源，为鲤饰人饰物的功能奠定了基础。

（一）作佩入葬

因玉石本身温润莹泽，如膏似脂，颜色美丽，看似通透又十分坚韧，先民认为玉由天地灵气汇聚而成，是天地精气的结晶，因而玉制器被看作是神灵的圣物。商周时期，玉的制作水平进一步提高，贵族阶层佩戴玉器以彰显自己的身份与地位，并不断完善与玉相关的礼制。《礼记》《周礼》对其进行了详细记载，尤其是《礼记》，四十九篇中有十六篇都涉及了玉文化，包括日常佩玉的礼仪、方法、场合，还有用于丧葬时的葬玉制度。

商周至春秋时期，鱼形玉器作为随葬品出现在墓葬中的数量数不胜数，由其出土的位置可以推测出这些玉鱼的用途。据大多数考古学家对墓葬的发掘报告，玉鱼出土的位置并不是杂乱无章的，有些玉鱼散落在墓主人头部，有些散

---

① 方林，《宋代玉鱼的文化认识》，《文物世界》，2013 年，第 5 期，第 3 页。

落在颈部、腰部，推测其散落位置与墓主人生前佩戴的部位有关。

位于墓主人头部附近的玉鱼，可能是绾发工具的装饰。《仪礼》记载周代男子的士冠礼："宾揖之，即筵坐。栉，设笄。宾盥，正缅如初。"① "笄"则是"安发""固冠"之用的发簪。《礼记》记载了女子的及笄礼："女子许嫁，笄而字。"② 这些都表明了笄在周代是束发用的工具。内蒙古赤峰市夏家店遗址曾出土一枚战国时期的骨质鱼形笄，全长 150 毫米，呈锥状，笄首为鱼头，鱼尾化成尖状笄身，鱼嘴微张，鱼眼部位为孔，背部还有网格纹③，是现有鱼形笄的代表。玉笄的笄尾处通常为尖状或椭圆状，以便更顺利地插进发髻。虽然安阳妇好墓和宝鸡"弜"国墓地都出土有类似玉笄的细窄长条形玉鱼，但它们的首尾两端棱角分明，与笄的形制有所不同，当为刻刀类，所以当前暂未发现有鱼形玉笄出土。还有大量短宽平直的小型玉鱼，可能是装饰玉笄的挂坠类饰品。山西襄汾陶寺遗址出土的龙山晚期至夏代的头部饰品，包括骨笄、半圆形穿孔玉饰、弯头形穿孔玉饰、扁长条形穿孔玉坠饰和 60 余枚绿松石饰片，经中国社会科学院考古研究所复原，连缀黏合而成一个有挂坠的骨笄。这对后期的头饰研究具有很大的借鉴意义。我们可以推测，商周的带孔小型玉鱼就是玉笄的挂坠饰品，玉鱼的小孔和玉笄的小孔以细线相连接，组合成精巧别致的头饰。

位于墓主人颈部至腰腹部的玉鱼，可能是颈部佩戴垂至腰腹间的挂饰。河南平顶山应国墓地 M231 号墓中，在墓主人的胸部出土有玉鱼一件④，鱼体头部和尾部各有一小穿孔，考古学家将颈部、胸部附近的玉佩、玉珠与玉鱼一起复原，一小一大两个玉鱼一上一下，由玉珠分别连接而成一个组合玉佩。这类两孔玉弯鱼在各地均有发现，安阳妇好墓曾出土鱼口、尾各有一圆孔的一大一小两个玉鱼⑤，宝鸡"弜"国墓地也有贝、玉戈、玉鱼、鱼鸟组合而成的串饰出土⑥。妇好墓还发现一种鱼体弯成半圆形，口部有短榫的玉鱼⑦，可与其他

① 《仪礼译注》，杨天宇译注，上海古籍出版社，2004 年，第 9 页。
② 《礼记译注》，杨天宇译注，上海古籍出版社，2005 年，第 16 页。
③ 郝风亮，《内蒙古赤峰市发现的象牙笄及刻字符号》，《北方文物》，2001 年，第 3 期，第 21 页。
④ 河南省文物考古研究所，《平顶山应国墓地》，大象出版社，2013 年。
⑤ 中国科学院考古研究所安阳工作队，《殷墟妇好墓》，文物出版社，1980 年，第 170－171 页。
⑥ 卢连成，胡智生，《宝鸡"弜"国墓地》，文物出版社，1998 年，第 379 页。
⑦ 同⑤。

器物、构件相互插嵌，作镶嵌装饰物用。

玉鱼作为装饰品入葬是其初具殓葬功能的表现。汉代袁康、吴平所著的《越绝书》中记载："至黄帝之时，以玉为兵，以伐树木为宫室，凿地。夫玉，亦神物也。"[①] 玉在先民眼中是神物，能通灵，是人与神沟通的重要媒介，故巫事必用玉。因此，墓主人生前的玉鱼佩饰被作为随葬品放入其身旁，即想象死者能在另一世界继续使用，既体现了墓主人的身份地位，又使玉鱼充当沟通生与死、人与神灵的使者。

（二）玉鱼口晗

口晗即在死者口中放置东西，希望亲人在死后仍然有物可食，是一种历史悠久的丧葬习俗。最早出现口晗鱼是在新石器时代中期的四川巫山大溪文化中，大溪遗址 M78 号墓男性和 M39 号墓女性口中都含有鱼骨[②]。据考古学家推测，这些鱼骨可能是生鱼或烤熟的小鱼，称为"饭晗"。

周代饭晗的习俗依然流行。据《周礼》记载，周代时饭晗可能有饭玉、含玉和赠玉 3 种形式[③]。"饭玉"就是将珠玉、谷物杂米混合在一起放入死者口中，而当口中只填入玉质物时，才可称为"含玉"。《说文解字》释"琀"于"玉"部，意为"送死口中玉"[④]，即在死者口中放入玉器。礼制森严的周代对不同等级之人的饭晗也有严格规定，"饭玉"是王、诸侯、大夫之礼；如果是士则只能用米。《公羊传·定公五年》中何休曾注："天子以珠，诸侯以玉，大夫以璧，士以贝。"

鱼形玉琀在商周时期十分常见，安阳妇好墓东边的小屯村 18 号墓墓主人口中有玉鱼 6 件，长约 3 厘米，皆用简单的线条雕刻出头部、背鳍、腹鳍和尾部，形象逼真，且眼为小孔，可穿系佩戴[⑤]。河南省平顶山应国墓地 M231 号墓墓主人口中有 25 片碎玉片，经拼合，复原为 6 件西周时期的鱼形玉琀，皆

① 《越绝书全译》，袁康、吴平辑录，俞纪东译注，贵州人民出版社，1996 年，第 225 页。

② 范桂杰，胡昌钰，《巫山大溪遗址第三次发掘》，《考古学报》，1981 年，第 4 期，第 486－487 页。

③ 《周礼译注》，杨天宇译注，上海古籍出版社，2006 年，第 311 页。《周礼·春官宗伯·典瑞》记载："大丧，共饭玉、含玉、赠玉。"

④ 许慎，《说文解字》，九州出版社，2001 年，第 1 版，第 20 页。

⑤ 郑振兴，《1976 年安阳小屯西北地发掘简报》，《考古》，1987 年，第 4 期，第 300－302 页。

有小孔，最长的有 9.5 厘米[①]。河南省三门峡市虢国墓地、山西省天马-曲村遗址晋侯墓地都有不少鱼形玉琀出土。

从出土及复原的鱼形玉琀来看，推测可能是墓主人生前使用的佩饰，死后随其下葬并改为玉琀之用，如小屯村 M18 号墓的小型玉鱼可能是穿系在其他某个佩饰上的装饰品。而应国墓地 M231 号墓墓主人口中的碎玉片，据考古学家推测，可能是在入葬时被人故意折断，后置于墓主人口中的，这与汉代郑玄注《周礼》中记载的“饭玉，碎玉以杂米也”[②] 相吻合，杂米无法流传保存至今，碎玉却依然留在墓主人口中。

玉在先民的思想中一直是神享之物。传说玉是黄帝、鬼神享用的食物，《山海经・西山经》中记载了天神食玉的故事：“……丹水出焉，西流注于稷泽，其中多白玉，是有玉膏，其原沸沸汤汤，黄帝是食是飨……瑾瑜之玉为良，坚粟精密，浊泽有而色。五色发作，以和柔刚。天地鬼神，是食是飨。”[③]玉具有通神的作用，而鱼是凡间珍贵食物，玉鱼口啥既能让死者口中有食物，又能通过玉加强与神的联系，让死者入土为安。何休注《公羊传・文公五年》认为：“孝子所以实亲口也，缘生以事死，不忍露其口。”子女不能让去世亲人的口空着，要让他们在另一个世界中继续享受生前的食禄。礼制森严的商周在人生前身后都有严格的等级划分，所以口啥也有严格的等级制度，人死后享有的俸禄与生前相同，这就是在森严等级制度下“事死如事生”观念的体现。

（三）沃盥之礼

中国青铜器在原始社会仰韶文化早期和马家窑文化时期就已经出现，以商周时期的器物最为精美。中国青铜器享有极高的声誉，以使用范围广、铸造工艺先进、造型与纹饰精美著称。在调研中，笔者发现，现存的青铜器中也有鱼形纹饰的存在。平原博物院展出的青铜盘盘内壁绘刻有一鱼纹，其形态简洁，以线条勾勒鱼体与鱼鳍，以竖型排列的双“C”形线条表示鱼鳞，鱼嘴微张，上颌略长于下颌，形态似鲤（图 3－40、图 3－41）。

---

① 河南省文物考古研究所，《平顶山应国墓地》，大象出版社，2013 年，第 118－122 页。

② 《周礼译注》，杨天宇撰，上海古籍出版社，2006 年，第 311 页。

③ 《山海经》，方韬译注，中华书局，2009 年，第 35 页。

图 3-40　青铜盘（于瑞哲摄于平原博物院）

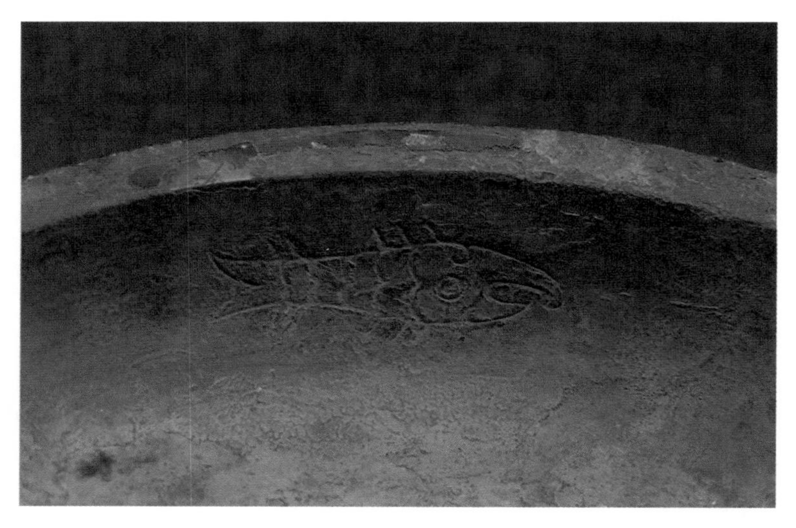

图 3-41　青铜盘鱼纹，鱼嘴微张，上颌略长于下颌，形态似鲤（于瑞哲摄于平原博物院）

《礼记·内则》载："进盥，少者奉盘，长者奉水，请沃盥，盥卒授巾。"[①] 古之礼，饭不用箸，但用手，即与人共饭，手宜洁净。与现代人仅因清洁而洗脸、洗手不同，商周时期贵族将盥洗看得极为重要，为其赋予了礼的内涵，在祭祀活动或

① 《礼记译注》，杨天宇撰，上海古籍出版社，2005 年，第 331 页。

宴饮前后都会进行“沃盥之礼”。“沃盥”就是洗手，“沃”就是自上而下浇，盥者手受之而下流于盘。以匜或盉浇水于手，盘则用来承接弃水（图 3－42）。

图 3－42　盘、匜使用方法示意（于瑞哲摄于平原博物院）

这些用于盥洗的“盘”身多由鱼、龙、蛙、龟等带有“水性”的动物组合雕刻而成，以此彰显水的力量，这与早期仰韶文化中的鱼崇拜有着密不可分的关系。晋国博物馆内一鱼纹青铜盘（图 3－43）内壁四周刻有凸起的鱼纹，中间放置一个青铜青蛙，盘外四方有铸成的龙头，盛满水时盘内的一圈鱼纹便显现出来，在灯光照射下显得波光粼粼、鱼影闪动，极为美观。

图 3－43　鱼纹青铜盘，该盘来自春秋战国时期，绘画技法以抽象为主，鱼纹仅有一鱼体的大致形态，但从鱼嘴的形状依稀可以辨认其较为符合鲤科鱼类“吻钝圆”的形态特征，可以推测盘底鱼纹形状为鲤鱼的轮廓（和子杰摄于山西晋国博物馆）

（四）鱼跃拂池

随着商周时期丧葬制度的不断发展，人们对棺椁的整体造型越来越重视，出现了一系列饰棺之物，并有对应的饰棺之制。在我国的墓葬遗址中，有大量铜鱼、石鱼散落于棺外，不少学者都已关注到这些鱼形物，它们与墓主人相距较远，似乎并非用作装饰品，也并不是人为摆放，而是作为装饰棺椁的物品无意掉落下来的。

《礼记·丧大记》对周代不同等级的棺椁装饰物进行了详细记载："饰棺，君龙帷，三池，振容，黼荒，火三列，黻三列，素锦褚，加伪荒，纁纽六，齐五采，五贝，黼翣二，黻翣二，画翣二，皆戴圭。鱼跃拂池。君纁戴六，纁披六。大夫画帷，二池，不振容，画荒火三列，黻三列，素锦褚，纁纽二，玄纽二，齐三采，三贝，黻翣二，画翣二，皆戴绥，鱼跃拂池。大夫戴，前纁后玄，披亦如之。士布帷，布荒，一池，揄绞，纁纽二，缁纽二，齐三采一贝，画翣二，皆戴绥。士戴，前纁后缁，二披用纁。"[①] 其中涉及的装饰物包括龙帷、画帷、布帷，是诸侯、大夫、士用的帷幕；池是用竹子编织成用于承接雨水的棺饰；振容是像水草一样来回摆动的青黄色缯带，系在池下；黼荒、画荒、布荒是不同阶层用的覆盖在棺上的布，有的周围绣有白黑相间斧形花纹、云气花纹，有的则无花纹；素锦褚是用白锦做的屋形帷幕，用纁帛做的纽带与布荒相连，布荒下方还挂着贝；黼翣、黻翣、画翣是画着不同纹饰的扇形装饰；圭是一种上圆（或剑头形）下方的玉器；戴即固定"柳"（棺的木框架）和"束"（固定棺盖的皮带）的绸带；披就是由人牵引、以防翻车的系在其他装饰物上的帛带。

池下除了系振容外，还悬挂有鱼形饰品（图 3－44），当殡车前行移动时，悬挂的鱼形饰品因震动而跳跃摆动，称"鱼跃拂池"。关于"鱼跃拂池"，古代多位学者为其作注，汉代郑玄注《仪礼》曰："君大夫以铜为鱼，悬于池下。"[②] 元代陈澔注《礼记·丧大记》曰："以铜鱼悬于池之下。车行则鱼跳跃上拂于池。鱼在振容间也。"[③] 这说明周代天子和大夫在池下悬铜制鱼，且悬挂在振容间；士地位低下，不得用鱼。

---

① 《礼记译注》，杨天宇撰，上海古籍出版社，2005 年，第 594 页。

② 郑玄注，贾公彦疏，《仪礼注疏》，中华书局，1985 年。

③ 陈澔注，《礼记·丧大记》，上海古籍出版社，1987 年，第 251 页。

图 3-44 铜鱼棺饰，鱼体呈纺锤形，尾鳍分叉，符合鲤的形态特征，推测以鲤为原型而制（于瑞哲摄于河南博物院）

1992 年，山西省南部曲沃、翼城两县境内的天马-曲村遗址发现了西周晚期晋侯夫妻异穴合葬墓 M1 号墓与 M2 号墓，其中 M1 号墓椁内[①]四周散落 42 件铜鱼，均为扁长条形，有目、有鳍、有尾[②]；48 件石鱼，首尾经打磨，眼部为小孔。M2 号墓出土铜鱼 36 件，石鱼 14 件，头部有穿孔，并发现有玉圭的残件[③]。在对该遗址进行第 2 次发掘时，发现 M8 号墓椁室两侧有若干铜鱼和大、小石戈[④]；随后几年中，天马-曲村遗址经数次发掘，也有不少铜鱼出土。从晋侯墓铜鱼出土的位置来看，对照文献记载，这很有可能就是装饰棺椁的铜鱼与圭（图 3-45）。

---

① “棺”一般指棺材，是盛放尸体的东西；“椁”指棺材外面的大套棺。

② 刘绪，徐天进，罗新，张奎，《1992 年春天马-曲村遗址墓葬发掘报告》，《文物》，1993 年，第 3 期，第 20-21 页。

③ 刘绪，徐天进，罗新，张奎，《1992 年春天马-曲村遗址墓葬发掘报告》，《文物》，1993 年，第 3 期，第 27-28 页。

④ 孙华，张奎，张崇宁，孙庆伟，《天马-曲村遗址北赵晋侯墓地第二次发掘》，《文物》，1994 年，第 1 期，第 10 页。

图3-45 晋献侯、晋穆侯夫人墓中散落的铜鱼，鱼体呈纺锤形，尾鳍分叉，符合鲤的形态特征，推测以鲤为原型而制（和子杰摄于山西晋国博物馆）

陕西韩城梁带村芮国墓地保存得更为完整。M19 号墓椁室周壁悬挂大量串饰，铜鱼与珠饰摆放规整，组合清楚，据发掘报告描述，这些串饰组合具体分两种："一种由两条青铜鱼和 3～4 串玛瑙珠串饰相间组成，玛瑙珠串饰则由陶珠、玛瑙珠和两枚海贝串连而成，悬挂于南、北挡板；另一种由青铜鱼和陶珠串饰相间组成，陶珠串饰则由陶珠和两颗石坠串连而成，悬挂于东、西侧板……从上述情况推测，这些串饰应是作为椁室装饰。"① 除此之外，M19 号墓出土有铜翣，M502 号墓和 M27 号墓有带花纹的荒帷的痕迹，均与史料中饰棺制度的记载十分类似。

有趣的是，椁室的鱼形饰品并非只有铜鱼和石鱼，还有玉鱼（图 3-46 至图 3-49）。陕西省长安县张家坡村丰镐遗址内的西周墓葬中曾出土少量玉鱼，有的位于椁室，有的位于外棺角落处，有的在棺盖上②，推测玉鱼也是悬挂在棺上的装饰之物。因此，根据前文对先秦时期先民对"鱼"理解的分析，"鱼跃拂池"中鱼的寓意应同样是强大的生命力与繁殖能力的象征；同时，还具有引导亡者灵魂升天的作用，在此便不做重复叙述。

① 陕西省考古研究所，《陕西韩城梁带村遗址 M19 发掘简报》，《考古与文物》，2007 年，第 2 期，第 5 页。

② 中国社会科学院考古研究所，《张家坡西周墓地》，中国大百科全书出版社，1999 年。

从新石器时代晚期至先秦时期，鱼形物的功能均是由其饰人饰物的特性发展而来的。商代鱼器已初具殓葬功能，到周代，鱼器已成为一种礼器，尤其不同等级的葬玉之制、饰棺之制体现了周代严格的丧葬制度，是周代“礼”的精神的浓缩。待东周以后，这些制度逐渐消失，也正式预示着“礼崩乐坏”的时代来临了。

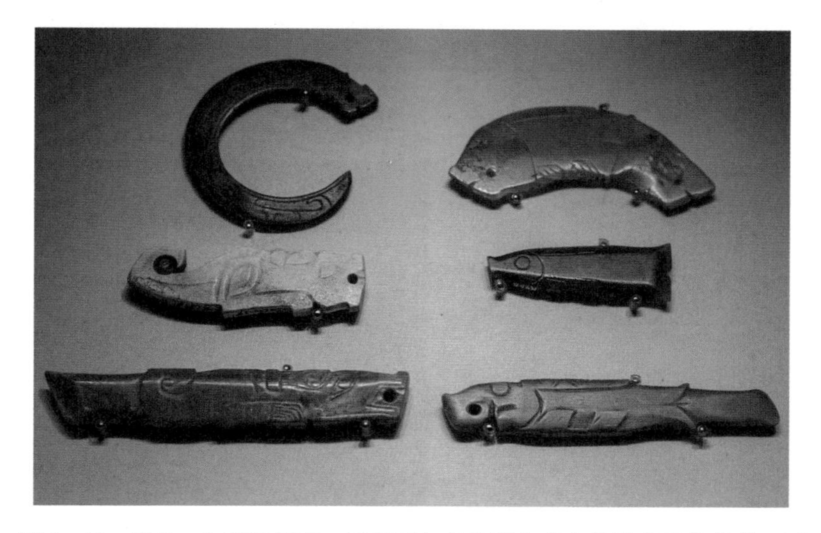

图3-46　玉鱼、鱼形玉刻刀，早期玉鱼多为平直或弯曲的扁平薄片状，形态抽象，从外形上很难分辨出玉鱼的原型，其雕刻手法简练，仅勾勒鱼鳍、鱼尾等关键部位并阴刻线纹表示，棱角分明，为后世鲤形玉鱼的创作提供了灵感（于瑞哲摄于中国国家博物馆）

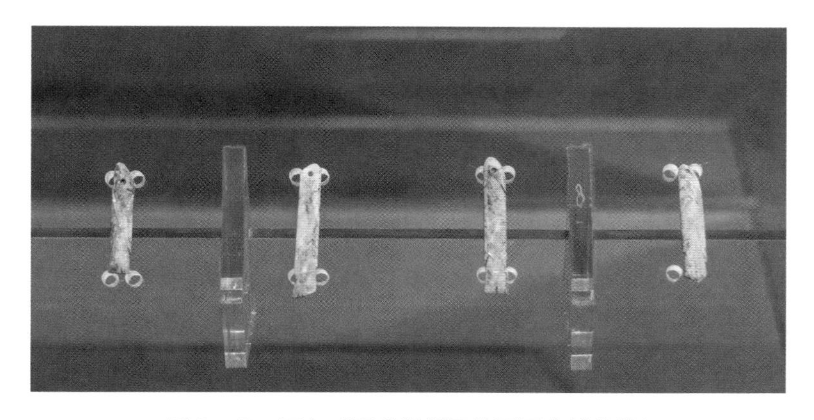

图3-47　玉鱼（于瑞哲摄于陕西历史博物馆）

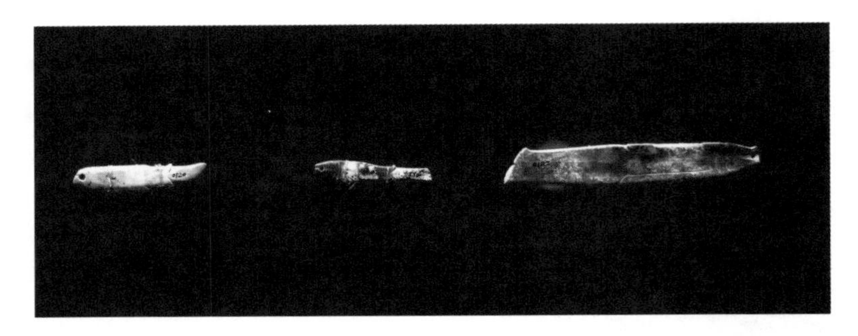

图 3-48　白玉鱼、青玉鱼、灰玉鱼（于瑞哲摄于平原博物院）

图 3-49　玉鱼，1974 年宝鸡“弓魚”国墓地茹家庄 1 号墓出土
（聂国兴摄于宝鸡青铜器博物院）

二、佩鱼显地位

（一）李唐鱼符

李唐时期，由于李姓是国姓，鲤与李同音，为了避讳，国家采取了全国禁鲤的政策，甚至要将鲤尊称为“赤鲜公”。鲤的地位大大提高，成为皇权和尊荣的象征。

身份地位高的官员还要佩戴鲤鱼形符契（图 3-50）。符乃古代传达命令和调兵遣将之信物，秦汉时期一直用的都是虎符，隋时有用鱼符的先例。《隋书》记载：“（高祖九年）颁木鱼符于总管、刺史，雌一雄一……十五年五月丁亥制，京官五品以上佩铜鱼符。”[①] 唐代初高祖李渊为避祖父李虎的名讳，特地下令改虎符为银菟符，武德元年（公元 618 年）正式改为鱼符，除武周时期一度改用龟符外，中宗李显继位后又改为佩鱼，鱼符在唐代十分盛行。

图 3-50　铜鱼符，以“鲤”比喻“李”姓，“鲤”强则“李”强也（葛格摄于洛阳考古博物馆）

《朝野佥载》载：“以鲤鱼为符瑞，为铜鱼符佩之。”所以，鲤是吉祥的征兆应是唐改用鱼符的原因之一。又载：“上元年中，令九品以上配刀砺等袋，彩帨为鱼形，结帛作之。取鱼之象，强之兆也。”[②] 《旧唐书》中也有相同的说法：“上元中为服令，九品以上佩刀砺等袋，纷悦为鱼形，结帛作之，为鱼像鲤，强之意也。”[③] 故唐代的鱼符为鲤形，是取鲤为众鱼之长，以“鲤”比喻“李”姓，“鲤”强则“李”强也。

鱼符外形小巧精致，长 5～6 厘米，宽2～3 厘米，于背鳍处平切分为左右两半，内刻有佩符人的身份或使用范围；两半鱼符分别刻有“同”字形榫卯，可互相契合，有的鱼符还会在中缝上刻“合同”二字，左右两个各刻一半，合在一起才能看到完整的“合同”，在使用时，双方各执鱼符的一半作为凭据，合之则可验证真假。鱼嘴处设有一圆孔，供穿绳以系佩之用。各鱼符之间大小不一，形式也不尽相同，有的鱼符鱼体尾鳍分叉，有的则合并在一起，有的有背鳍，有些则没有，表面的鳞片也大小不一，这在一定程度上加强了辨别真伪的功能[④]。这也是当今“符合”“合同”等词语的由来，

① 魏征，《隋书·卷 2·高祖纪》，上海古籍出版社，1986 年，第 7 页。

② 张鷟，《朝野佥载》，中华书局，2008 年，第 68 页。

③ 刘昫等，《旧唐书》，中华书局，1975 年，第 1376 页。

④ 吴珊珊，刘玲清，《唐鱼符考论》，《黑龙江史志》，2014 年，第 19 期，第 28 页。

体现了古人的契约精神。

（二）佩鱼制度

鱼符在唐代官员的服饰制度中是十分重要的一项。据记载："凡国有大事，则出纳符节，辨其左右之异，藏其左而班其右，以合中外之契焉。一曰铜鱼符，所以起军旅，易守长。二曰传符，所以给邮驿，通制命。三曰随身鱼符，所以明贵贱，应征召。四曰木契，所以重镇守，慎出纳。五曰旌节，所以委良能，假赏罚。"[①] 可见，唐代鱼符的功能划分十分详细，"铜鱼符"与"随身鱼符"虽同为鱼符，它们的使用范围却不一样。

1. 铜鱼符

铜鱼符为调动军队的首领和郡守县令等地方长官所用。《唐律》规定，两京留守（督守京城的长官）、折冲府（军府）、守捉（小型驻边军队）、镇（守捉之下的驻军机构）、金吾卫（掌管皇帝禁卫的亲军）、宫苑总监（掌宫苑内事务的官署）、牧监（掌牧地的官署）等，皆发右符于外，左符藏于京师内；并规定在畿内鱼符数量"左三右一"，畿外"左五右一"[②]，"以第一为首，后更有事须用，以次发之，周而复始……鱼符及传符，皆长官执，长官无，次官执"[③]。如《历代符牌图录》收录的一枚唐代铜制鱼符的右符，刻"九仙门外右神策军"[④]，据记载，九仙门是唐代大明宫西面的城门，神策军是唐朝中后期中央北衙禁军的主要武装力量，所以这件鱼符就是朝廷派发给负责九仙门外的神策军长官，并作调兵之用的兵符。另收录一件刻有"右领军卫道渠府第五"[⑤] 的鱼符，即朝廷所存用于道渠府的第五枚左符。2016 年在宁夏出土的青铜鱼符，刻"右豹韬卫悬泉府第二"[⑥]，则是朝廷存于悬泉府的第二枚左符。《集古虎符鱼符考》收录的唐高祖武德元年（公元 618 年）的铜鱼符，

---

① 刘昫等，《旧唐书》，中华书局，1975 年，第 1847 页。

② 欧阳修，宋祁，《新唐书》，中华书局，1975 年，第 525 页。

③ 曹漫之，《唐律疏议译著》，吉林人民出版社，2006 年，第 592 页。

④ 罗振玉，《历代符牌图录》，中国书店出版社，1998 年，第 40 页。

⑤ 罗振玉，《历代符牌图录》，中国书店出版社，1998 年，第 47 页。

⑥ 朱浒，《武周"右豹韬卫悬泉府第二"鱼符的发现与考释》，《形象史学》，2018 年，第 1 期，第 67－73 页。

刻“新换蜀州第四”[①]，应为更易蜀州刺史时所用的第四枚左符。铜鱼符是朝廷征调军队、更易守长的凭信，需在有诏令时取出，将左符与右符合并勘验，勘验无误则允许发兵或任命、罢黜地方官员；勘合无误而不及时发兵，或左右符不相合而不迅速奏闻者，还会面临严格的处罚。这样也就在一定程度上避免了军官私下调动军队或用一个兵符调动两个地方军队之类叛乱的发生。

2. 随身鱼符

随身鱼符是官员身份和地位的象征，也是进出宫门的通行证，必须随身佩戴。《新唐书·车服志》记载：“随身鱼符者，以明贵贱，应召命。左二右一，左者进内，右者随身。皇太子以玉契召，勘合乃赴。亲王以金，庶官以铜。”[②]

高宗永徽二年（公元 651 年）开始实行佩鱼之制，首先不同身份的鱼符材质就有贵贱之分，皇太子可使用玉鱼符，亲王使用金质鱼符，庶官只能用铜鱼符。《历代符牌图录》就收录一玉质鱼符[③]。而且，在唐代初期并不是所有官员都能享有佩鱼的殊荣，《舆服志》规定仅五品以上的官员才能佩随身鱼符，咸亨三年（公元 672 年）增加条令，五品以上官员饰银鱼袋，三品以上饰金，品阶越高，其鱼袋和配饰也就越贵重[④]。从这时候开始，不同等级官员的身份之差就开始显现出来了。鱼袋本是放置鱼符的袋子，但鱼符、鱼袋之制使其成为区别身份地位的标志，很快就变成了官场追捧的对象。于是两年后高宗又下令：“恩荣所加，本缘品名，带鱼之法，事彰要重，岂可生平在官，用为褒饰，才至亡没，便即追收。寻其始终，情不可忍。自今已後，五品已上有薨亡者，其随身鱼袋，不须追收。”[⑤] 至此，鱼袋正式成为用于褒奖官员的饰物，而且允许终生佩戴，不论生死都不被收回。但这仍然是仅限五品以上的官员才可享有的权利，这项规定持续保留了 30 余年，

---

① 瞿中溶，《集古虎符鱼符考》（复印本），第 21－22 页。

② 欧阳修，宋祁，《新唐书》，中华书局，1975 年，第 525 页。

③ 罗振玉，《历代符牌图录》，中国书店出版社，1998 年，第 42 页。

④ 刘昫等，《旧唐书》，中华书局，1975 年，第 1954 页。《旧唐书·舆服志》记载：“高宗永徽二年五月，开府仪同三司及京官文武职事四品、五品，并给随身鱼。咸亨三年五月，五品已上赐新鱼袋，并饰以银。三品已上各赐金装刀子、砺石一具。”

⑤ 王溥，《唐会要》，中华书局，1955 年，第 579 页。

垂拱二年（公元 686 年），才“初令都督、刺史并准京官带鱼”（《旧唐书·则天皇后纪》）。又 20 余年后，到中宗时期景龙年间，散官才被允许佩鱼[①]，开元九年（公元 721 年）“许终身佩鱼，以为荣宠”[②]，鱼符、鱼袋仍然是受到荣宠的象征。随身鱼符彰显了佩鱼者身份和地位的差别，若想知道某位官员的品阶，只要看一下他所佩戴的鱼袋和鱼符就了然，这就是“明贵贱”。

随身鱼符上还刻有所属者的官职与姓名，免除或辞去官职后要上交收回，如苏联尼古拉耶夫斯克遗址出土的铜鱼符上刻“左骁卫将军聂利计”[③]，“左、右骁卫”是皇帝的护卫部队，包括大将军一人，将军各二人；聂利计即持该鱼符的官员。如果是同一机构的官员也可不刻姓名，“传佩相付”即可[④]，如刻“左武卫将军传佩”[⑤]即为掌宫禁宿卫的从三品官员所拥有；刻“同州刺史传佩”“朗州传佩”[⑥]即为各州刺史所佩戴，可传递交付。

随身鱼符也分为两半，“左藏之于内，或有宣召则内出左契，与右合，参验而同，始得入”[⑦]，朝廷执左符，授予官员的鱼符仍是右符，若皇帝有诏令则颁下左符，官员需持右符前去，与左符相勘验，相合则可入内，这就是“应召命”的意思。

3. 交鱼符、巡鱼符

除调兵用的铜鱼符以及“明贵贱”、应召命的随身鱼符外，史料中还记载了一种用于看守宫门的交鱼符或巡鱼符。“宫殿门、城门，给交鱼符、巡鱼符。左

---

① 欧阳修，宋祁，《新唐书》，中华书局，1975 年，第 526 页。《新唐书·车服志》记载：“景龙中，令特进佩鱼，散官佩鱼自此始也。”

② 刘昫等，《旧唐书》，中华书局，1975 年，第 1954 页。

③ Э·В·沙夫库诺夫，步平，《苏联尼古拉耶夫斯克遗址出土的鱼形青铜信符》，《北方文物》，1991 年，第 1 期，第 102-103 页。原文推测该鱼符为调兵用的左符，但其所属人的官职为“左骁卫”大将军，《唐律》规定，下属官员皆发右符，且仅有随身鱼符可刻官职姓名，故左符的推论应当是有误的，此鱼符是授与唐代庶官聂利计的随身鱼符的右符可能性较大。相同观点也可参考汪澎澜、姚玉成《渤海新史料辨证一题》。

④ 欧阳修，宋祁，《新唐书》，中华书局，1975 年，第 525 页。《新唐书·车服志》记载：“（随身鱼符）皆题某位姓名……刻姓名者，去官纳之，不刻者传佩相付。”

⑤ 罗振玉，《历代符牌图录》，中国书店出版社，1998 年，第 41 页。

⑥ 罗振玉，《历代符牌图录》，中国书店出版社，1998 年，第 43-44 页。

⑦ 程大昌撰，《演繁露》，远方出版社，2009 年，第 8 页。

厢、右厢给开门符、闭门符。亦左符进内，右符监门掌之。”[①] 交鱼符、巡鱼符主要用来开、关宫门，加强防卫，一般会刻有“××门内/外交鱼符”“××门内/外巡鱼符”，如“凝霄门外交鱼符”“嘉德门内巡鱼符”[②]。

4. 月鱼

对于唐代周边各藩属国，唐朝廷也给其派发鱼符。鱼符雌雄各 12 枚，雌鱼授予藩国，雄鱼存唐宫内。鱼符上面刻有国名，“朝贡使各赍其月鱼而至”，藩国使者入境时以鱼为凭信，一个月一更换，故称其为月鱼。双鱼相互符合才能通过，“不合者劾奏”[③]。

总之，佩鱼是唐代以来区别身份、接受诏令的一个标志。佩鱼制度的不断加强和完善说明了唐代对官员和军权的管理日趋严格，也代表着唐代上层社会在君主专制制度之下对契约关系的重视。

三、明德以修身

（一）悬鱼示廉

最早将鱼悬在房顶的是东汉时期的南阳太守羊续。《后汉书·羊续传》记载了“羊续悬鱼”的故事：“羊续为南阳太守，好啖生鱼。府丞焦俭以三月望饷鲤鱼一尾，续不违意，受而悬之于庭，少有皮骨。明年三月，俭复馈一鱼。续出昔枯鱼以示俭，以杜其意，遂终身不复食。”[④] 羊续为南阳太守时，十分憎恶有权势者奢侈浪费的行为，一直过着清贫的生活。曾有府丞向羊续贡献活鲤，他既不愿接受，但又不想拂了对方的颜面，便想了个法子，把鱼悬挂在庭院之中，等到又有官员献鱼时，他就用挂着的鱼教育送礼之人，拒绝馈赠。宋人徐积赞道：“爱士主人新置榻，清身太守旧悬鱼。”[⑤] 至此，鲤成了清正廉洁、品行端正的代名词。

尽管《后汉书》记载了这则极具有模范意义的故事，但在汉代墓葬、文字

① 欧阳修，宋祁，《新唐书》，中华书局，1975 年，第 525 页。
② 罗振玉，《历代符牌图录》，中国书店出版社，1998 年，第 39 页。
③ 欧阳修，宋祁，《新唐书》，中华书局，1975 年，第 525 页。
④ 《后汉书八家辑注》七五，《羊续传》。
⑤ 《和路朝奉新居十五首》之六一。

资料中都未曾见到有关“悬鱼”的只言片语。此后，关于悬鱼的明确文字记载最早见于唐朝廷颁布的《营缮令》：“非常参官不得造轴心舍及施悬鱼、对凤、瓦兽、通栿、乳梁装饰。”[①] 即唐代建筑与其所有者同样具有等级之分，如果不是常参官就不能用悬鱼这种建筑装饰。在唐代，常参官并不是普通官吏，据记载，“文官五品以上及两省供奉官、监察御史、员外郎、太常博士，日参，号常参官”[②]，也就是每日参见皇帝的高级官员，才可用悬鱼作为屋顶装饰。在中国历代廉政法制史上，唐代的廉政之风盛行，因此结合朝廷责令高级官员用悬鱼的记载，推测悬鱼可能含有彰显清廉之意，所以悬鱼于唐代开始流行或许与唐代推行严密的廉政监察制度、弘扬清正廉洁的工作作风有一定的关系。

因拒鲤而被冠以清正廉洁之美名的事迹也有先例。众所周知，鲁中南地区盛产鲤鱼，春秋时期鲁国宰相公仪休就很爱吃鲤鱼，某次在他和弟子子明讨论鲤鱼之鲜美的时候，有人送来了两尾活鲤鱼，但公仪休却坚决不收别人赠送的鱼。他说：“夫唯嗜鱼，故不受也。夫即受鱼，必有下人之色；有下人之色，将枉于法；枉于法，则免于相。虽嗜鱼，彼必不能长给我鱼，我又不能自给鱼。既无受鱼而不免相，虽嗜鱼，我能长自给鱼。此明夫恃人不如自恃也，明于人之为己者，不如己之自为也。”[③] 公仪休认为，如果收了别人赠送的鱼，那就要照人家的意思办事，这样就难免要违反国家的法纪；即便赠送者别无企图，若收下也难逃行贿的嫌疑。公仪休以此获得廉政修身、守法清正的美名。

公仪休和羊续拒收馈赠的做法不仅是简单的自律，更是安分守己的自我约束，是定力、修养，更是智慧。也正是因为这些智者的存在，让鲤这尾鱼显得更有分量和内涵。

（二）悬鱼传统

笔者在山西省临汾市襄汾县丁村看到一种名为“悬鱼”的建筑装饰

---

① 王溥撰，《唐会要》卷三十一。

② 《新唐书·百官志三》。

③ 《史记·循吏列传》。

（图3-51），它位于悬山或歇山[①]屋顶两端的博风板下，垂于正脊，又称“垂鱼”，使博风板顶端更加牢固、耐用。据记载，悬鱼最初应用于北魏时期的建筑中，甘肃天水麦积山石窟140窟的北魏壁画中，南侧中下部绘有一处庭院，院内前后两座殿宇都为歇山顶，屋顶正脊两端绘有鸱尾，山面排山沟滴下为博风板，在博风板相交处有鱼尾状悬鱼，呈蓝灰色。[②] 有学者认为，悬鱼可能与前文提到的“鱼跃拂池”之制有关，因先秦的宫室屋檐下设有承接雨水的水槽，曰“池”，周人仿照宫室形状在敛放尸体的棺外设“池”，池下悬鱼，虽然没有史料证明这就是最早的悬鱼，但它们之间可能有渊源或联系。[③] 到了宋代，悬鱼的设计主题则更为广泛，其形制已不单是鱼形，而衍生出花草、葫芦、云纹等多种形象。直至在近代居民建筑上，鱼形态的悬鱼才又逐渐丰富起来。悬鱼采用鱼形则可能与我国古代十分流行的阴阳五行说有着密切的联系，因古代房屋几乎都是木质建筑，木怕火，而鱼为水中物，象征着水，五行相克为天地之性，水能胜火，因此悬鱼也表达了人们祈求平安、吉祥的心愿。

（三）佩鲤明德

早在先秦，就已出现君子佩玉的记载。《山海经·西山经》中有“瑾瑜之玉为良……君子服之，以御不祥”[④]，说的是君子佩戴玉就能够抵御妖邪之气的侵害。春秋时期，孔子提出“君子比德于玉”的观点，指出品德高尚的人应该具有玉一样的品德，即“古之君子必佩玉……君子无故，玉不去身”[⑤]。但从玉鱼的出土情况来看，春秋时期至唐代，玉鱼配饰比较罕见。玉鱼的广泛流行是在宋代之后。《宋史·志·第一百六·舆服五》记载了玉鱼最初的使用情况：“神宗……命工别琢玉带以赐之。颢等固辞，不听；请加佩金鱼以别嫌，诏以玉鱼赐之。亲王佩玉鱼自此始。”

古玉鉴定工作者白文源在《中国古玉》中将宋代玉质鱼形佩分为有鳞鱼和

① 悬山、歇山：古代建筑中的屋顶样式之一。

② 傅熹年，《中国古代建筑十论》，复旦大学出版社，2004年，第142-143页。

③ 王海霞，田晓冬，《中国古建筑饰件悬鱼形象文化探源》，《艺术百家》，2013年，第6期，第261页。

④ 《山海经》，方韬译注，中华书局，2009年，第35页。

⑤ 《礼记译注》，杨天宇撰，上海古籍出版社，2005年，第378页。

图 3-51 葫芦状悬鱼，由鲤形悬鱼发展而来（和子杰摄于襄汾县丁村民居）

无鳞鱼两种。有鳞鱼多为鳜鱼形象，鱼身雕刻网格状纹作鱼鳞，背鳍作锯齿状，而且每一齿上都有阴刻的小尖角[①]。无鳞鱼多为瘦身形，鱼身窄长，首尾翘起呈跳跃状，尾部分叉并向两边翻卷；鱼眼多用一小凹坑来表示，鳃部以一短而粗的阴线勾出，鳍上也排列有细密的阴线，有些鱼的身侧还有一条细而长的阴线自鳃部直至鱼尾。从整体造型来看，这类鱼鱼体较长、尾鳍分叉，跃动幅度大，应当是鲤鱼。

在鲤鱼佩中，鲤和莲经常同时出现，组成莲鱼佩。这些玉佩大多造型精美，做工精细，且带有浓厚的生活气息。例如，清宫旧藏宋代白玉鱼形佩，鱼身细长，半圆形鳃，眼部为一小凹坑，背及腹出鳍，尾部分叉向上高高翘起，身旁莲花、叶梗巧妙地经鱼身盘成一环，并绕到头部，可供系挂用。《斑斓璀璨：中国历代古玉纹饰图录》收录的玉镂雕鱼纹佩[②]，鱼体呈向上跳跃状，鱼尾翘起，眼呈小圆点，鱼嘴微张，背有成排的阴刻线背鳍，鱼鳃部的弧形阴线较粗并呈斜抛状，从鳃部有一条弧形线一直到尾，表示鱼腹的中线，这是鲤的

① 白文源，《中国古玉》，五洲传播出版社，2005 年。

② 国家文物局扬州培训中心，《斑斓璀璨：中国历代古玉纹饰图录》，1989 年，第 283－287 页。

典型特征。在鱼体弯曲的空白处，镂空透雕着一朵莲花，莲茎从鱼嘴伸出，为典型的鱼形啣莲佩。莲鱼题材的玉佩始于并流行于宋代，莲唯美无瑕，鱼生动活跃，既重写实，又求意境，仿佛一尾鲤鱼畅然跳跃于莲花塘之间，展现了鱼莲同池共生的生活场景，可以说是宋代玉器世俗化的重要表现。

鱼形玉器有着玉石的自然之美、设计造型的艺术之美和雕琢刻镂的技艺之美，并蕴含着独特的审美价值，具有独特的文化含义。君子爱玉，一方面，因为玉石本身美丽通透的特点，能满足人们的装饰需求，让仪表更加得体，气质更加高雅；另一方面，文人赋予了美玉许多为人处世的优秀品质，如“谦谦君子，温润如玉”，正是将君子比作玉，像玉一样拥有仁、知、义、行、洁、勇、精、容、辞九种优秀的德行[①]。玉在诗文中也常被用来形容一切高尚、美好的事物，如“有匪君子，如切如磋，如琢如磨……如金如锡，如圭如璧”[②]，形容君子的品德、学问要像玉石一样切磋琢磨；又如“瑕瑜不相掩，君子此良玉。默默枕上思，戒之在深笃”（杨时《枕上》），将君子比作良玉，以此约束自己做一个笃厚的人。

关于玉器做成鲤形的原因，应当从其社会经济、政治环境的角度来探讨。宋代商品经济发展起来后，市民阶层的兴起推动了人们文化生活的世俗化，许多祈福消灾的民间习俗以谐音的形式广为传播，成为一种文化现象[③]。例如，佩“鳜”（谐音“贵”）意味着佩戴者身份尊贵；佩“鲤”的含义则更为广泛，除了我们常说的鲤通常都含有“祥瑞之征兆”“多子多福之祈盼”“鱼跃龙门之精神”等传统内涵外，还有其他含义。中国玉器研究学者殷志强专门对莲鱼佩这一独特题材做出解释：“宋代的玉鱼与商周时期的扁长条瘦形玉鱼完全不同，而多作鲤鱼状，肥大宽厚，口部常衔莲荷，寓意连年有余，因鱼与余谐音。”鲤寓意吉祥的含义自古有之，莲谐音“连”，莲与鲤的搭配就有了“连年有余吉祥来”的寓意。同时，莲又谐音“廉”。北宋理学家周敦颐的《爱莲说》将莲出淤泥而不染的高尚气节描写得淋漓尽致，为古代士人阶层大大尊崇。而鲤

① 春秋时期著名的哲学家、政治家、法家的代表人物管仲提出玉有“九德”。《管子·水地》一书中说：“夫玉之所贵者，九德出焉。夫玉温润以泽，仁也；邻以理者，知也；坚而不蹙，义也；廉而不刿，行也；鲜而不垢，洁也；折而不挠，勇也；瑕适皆见，精也；茂华光泽，并通而不相陵，容也；叩之，其声清摶彻远，纯而不杀，辞也；是以人主贵之，藏以为室，刻以为符瑞，九德出焉。”

② 《诗经》，王秀梅译注，中华书局，2016 年，第 110 页。

③ 殷志强，《鉴玉甄宝：中国历代玉器鉴定通则》，南京大学出版社，2011 年。

又因“羊续悬鱼”的典故被赋予了廉洁正直的品格，因此莲、鲤都象征廉洁高贵的人格特征，寓意“廉洁有余”。宋人佩玉者，劳动大众大概罕见，那些高官权贵起家于军功者在北宋早期为数较多，到了北宋真宗以后，在通过科举成名的文人入仕者间佩玉最为流行[①]。因此，佩戴莲鱼佩，不但是在佩玉明德，以此展示自己廉洁的品性，更是入仕者自我约束、自我要求和规范言行的表现。

宋代玉鱼配饰与宋代的文人鲤画有异曲同工之妙，在注重写实与意境的同时又做到了工艺规整，说明宋人对鱼类的观察极为细致，这可能与宋代渔业发展繁荣，人类对鱼类形态、习性更加熟悉有关。宋后的元、明、清直到民国，都有大量玉鱼出现，鱼文化与玉文化的完美结合蕴含着人们对富贵吉祥生活的美好祈盼。

四、家用以兴运

（一）鲤身鸱吻

我国古建筑顶脊两端的饰物，称“鸱吻”（图 3－52）。相传鸱吻是龙的儿子，所谓龙生九子，鸱吻为其中之一，其形似四脚蛇剪去了尾巴，喜欢在险要处东张西望，也好吞火。据记载，鸱吻原本作“鸱尾”或“蚩尾”，是海里的猛兽。蚩尾能喷浪降雨，可以防火，人们将它塑在殿角、殿脊、屋顶之上，祈求预防火灾。

图 3－52　故宫博物院房屋檐角的龙首鸱吻（于瑞哲摄于故宫博物院）

① 方林，《宋代玉鱼的文化认识》，《文物世界》，2013 年，第 5 期，第 5 页。

《汉书》中记载汉代的鸱吻是龙首鲤身状，可能与汉代流传的“鲤鱼跃龙门”中鱼变龙的典故有关。据汉墓出土的画像所示，最初的鸱吻样式只是简单地向屋脊中间翘起，似乎是仿照一个不分叉的鱼尾而造，并没有具体的形象。到唐中晚期的时候，鸱吻的形象开始向兽头、鱼身过渡。四川乐山龙泓寺中唐时期的摩崖雕刻中是已知最早的完整形态的鱼形吻①，其鱼尾部已经有非常明显的分叉；南宋金山寺佛殿和何山寺钟楼顶脊的鱼形吻②，鱼尾分叉、高高翘起，鱼身是生动写实的鲤鱼身形，布满鱼鳞，兽头含脊是非常典型的龙首鲤鱼身鸱吻。武汉黄鹤楼四面高高翘起的檐角处也刻有栩栩如生的龙首鲤身形鸱吻（图3-53）。

图3-53　黄鹤楼鸱吻，龙首鲤身形，鲤身形态可能与“鱼龙变幻”有关（于瑞哲摄于武汉黄鹤楼）

岭南地区将这种龙首鲤身的兽类称为鳌鱼。鳌鱼是古代中国神话中的动物，传说与鲤鱼跃龙门有关，明代学者陆容在《菽园杂记》中提出多种怪异动物纹像，“古诸器物异名……鳌鱼其形似龙，好吞火，故立于屋脊上”③。现在

① 祁英涛，《中国古代建筑的脊饰》，《文物》，1978年，第3期，第65-70页。

② 梁思成，《梁思成全集（第一卷）》，中国建筑工业出版社，2001年，第241-242页。选文《大唐五山诸堂图考》，田边泰著，梁思成译。

③ 金鉷等，《广西通志》，文渊阁四库全书影印本，2003年，第10页。

南方屋脊上留存的鳌鱼皆是龙首鲤鱼身的形象（图 3－54），它们大多被塑成浪花中游弋的姿态，寓意辟邪、镇火，又颇有乘风破浪、力争上游之势，借鲤鱼跃龙门寓鳌鱼能兴学运，这在岭南建筑中运用十分广泛。

图 3－54　明代石湾窑三彩鳌鱼，龙首鲤身形，鲤身形态与“鱼龙变幻”有关（和子杰摄于广州博物馆）

（二）摩羯形象

龙首鲤身的形象还与印度神话中的神兽摩羯有关。摩羯，为梵语 Makara 的音译，亦作“摩伽罗”，本是印度民间神话中水神的坐骑，其头部似羚羊，长鼻、利齿，身体与尾部像鱼，也有人说它的身体来源于鳄、鲸等水中的大型动物，性情凶猛，具有极强的破坏力，被称为印度的“河水之精，生命之本”。后来摩羯因“以肉济人”被奉为佛教的圣物，大约在汉魏时期随佛经一起传入我国。北魏杨衒之《洛阳伽蓝记·卷五·城北》对摩羯的鱼身有较为明确的记载：“於是西行五日，至如来舍头施人处。亦有塔寺，二十余僧。复西行三日，至辛头大河。河西岸有如来作摩羯大鱼，从河而出。十二年中以肉济人处，起塔为记，石上犹有鱼鳞纹。”① 进入中国后，其形象和内涵发生了变化。东晋画家顾恺之《洛神赋图》已出现摩羯鱼的形象，图绘大鱼长鼻上卷，獠牙外露，长着双翅，鱼身鱼尾，同上文所示明代鳌鱼形象。印度的摩羯形象并未提到鱼身有翅这一点，但从其卷曲的鼻子、锋利的獠牙来看，应当属于摩羯刚传入中国时的早期形象。

摩羯纹在唐宋较为流行，自隋唐时期开始，摩羯的形象被融入了中国传统文化中龙和鲤的特征。例如，出土的唐摩羯纹金长杯（图 3－55、图 3－56），杯底的摩羯戏珠纹饰形象更加复杂，摩羯长鼻上翘，大眼圆睁，似有龙角，巨口大张，露出獠牙利齿，做吞噬宝珠状；躯体则是跳跃的鲤鱼形，尾部分叉，鳍大张变为双翅，跃动于杯底。唐代是文化兼容并包的黄金时代，人们对外来文化不但有极高的接受度，还能在原有文化的基础上进行外来文化的二次创作。传说龙珠是龙的宝物，龙戏珠代表的是中国传统文化的龙崇拜，中国的某些龙纹本身就有象鼻、巨口、利齿等特征，当外来的摩羯纹与中国的龙形象相似时，古人就在摩羯的身上赋予了自己更为熟悉的龙的特征。鲤在唐代是鱼类中最高级的鱼形身，鲤形身的摩羯流行于唐代，不难看出这与李唐王朝中鲤的极高地位有关。用鲤形身取代摩羯原本鳄、鲸的大型身体，不但将凶煞的一面削弱了很多，还为摩羯增添了富裕吉祥的美好意愿。

图 3－55　唐摩羯纹金长杯（于瑞哲摄于陕西历史博物馆）

① 杨衒之，《洛阳伽蓝记》，尚荣译注，中华书局，2012 年，第 383 页。

图 3-56　摩羯纹金长杯杯底摩羯纹，躯体是跳跃的鲤形，尾部分叉，鳍大张变为双翅，龙首鲤身的摩羯纹是摩羯形象传入中国后与“鱼跃龙门”典故相结合的产物（于瑞哲摄于陕西历史博物馆）

尽管“龙首鲤身”饰与印度民间神话中的“摩羯”多有相似之处，但实际上并非印度流传而来的“摩羯”形象，而是中国人在趋善避恶的心理作用下，吸收了印度“摩羯”的某些形象特征，其本质仍然同龙文化、鲤文化类似，着重表现吉祥、兴运的美好寓意，因此也有学者称摩羯纹为“鱼龙变纹”①。

（三）鲤纹用品

鱼形锁。锁是人们生活中普遍使用的工具，自西周起，中国人就开始使用铜锁。随着制锁技艺的提高，人们对锁的追求也不单独停留在锁的功能性上，对锁具的装饰、内涵也有了新的要求，于是出现了动、植物造型的锁具，并为其赋予了一定的文化寓意。鲤形锁在众多造型的古锁中可以说是最具特色的样式，因其蕴含着吉祥之意，被广泛地用于门窗箱柜②。山西临汾霍州署衙还保留着鱼锁（图 3-57），外形小巧精致，根据形态可以看出锁以鲤鱼形和鳜鱼形居多，鱼体呈跃动弯曲状，头尾以锁梁相接，鳍、鳞和鳃等部位也十分生动形象，一般用于大门、箱、柜、厨房等较重要之处。从外形来看，锁具制成鱼形有特殊的意义，丁用晦在《芝田录》中道：“门钥必以鱼者，取其不瞑目守夜之义。”③ 因鱼没有眼睑，死后也不会闭眼，成为看家、守财的象征，人们

---

① 杨静荣，刘志雄，《龙之源》，中国书店，2008 年。

② 张逸凡，《传统鱼形锁具的形态样式及吉祥内涵探析》，《中国民族博览》，2017 年，第 7 期，第 175 页。

③ 彭大翼，《山堂肆考》，上海古籍出版社，1992 年，卷二百三十三。

期盼鱼神日夜保佑家中平安顺遂，祈求年年有余。

图 3-57 鲤形锁，从鱼的形态可以看出锁身为一条跃动的鲤（和子杰摄于山西临汾霍州署衙）

传统鲤纹样式在古代生活中运用颇为广泛，常见于碗、盘、碟、壶、镜、篓等多种日用品（图 3-58 至图 3-73）。

双鲤纹铜镜始铸于唐代，宋代、金代、元代均有仿铸，以金代双鱼镜最具特色，也是金代最流行的镜类之一。金代双鱼镜具有“多”和“大”的特点，如图 3-69 中的整镜大、质地厚重，在金代青铜镜中尚不多见。镜背满布起伏的水波纹，两条鲤鱼鱼鳍展开，同向回游，做追逐嬉戏状；双鲤以写实手法表现，雕刻逼真、活灵活现。双鱼纹铜镜在金代之所以流行，学者认为与女真社会的渔猎生活习惯有关；也有学者认为“鱼”与“余”谐音，双鱼表达了人们祈求生活富足、连年有余、多子多福的美好愿望。

图 3-58 彩陶分体甗（yǎn），原为烹饪用的蒸食器，后作为礼器流行于商至汉代（于瑞哲摄于平原博物院）

图 3-59　彩陶分体甗鱼纹，鱼纹的绘画风格与商周时期相同，以线条勾勒轮廓和鱼鳍，鱼体呈纺锤形，该甗的出土地为河南省新乡市，属黄河流域，故该鱼纹为鲤形纹的可能性极大（于瑞哲摄于平原博物院）

图 3-60　汉代双鱼铜杅，杅即指浴盆、盛浆汤等的器皿，此杅底绘刻“君宜子孙”的祝福语，两侧饰以双鱼图案，所绘鳞、鳍、鳃、须等鲤特征十分清晰，寓“多子多孙”之意（于瑞哲摄于陕西历史博物馆）

图 3-61　东汉建初五年陶灶面模型，绘一对并排的双鱼纹于其上，既可表示以鱼为食，又有用鲤引仙人飞升之意，体现汉代“事死如事生”的观念，故鱼纹应当为双鲤鱼（于瑞哲摄于平原博物院）

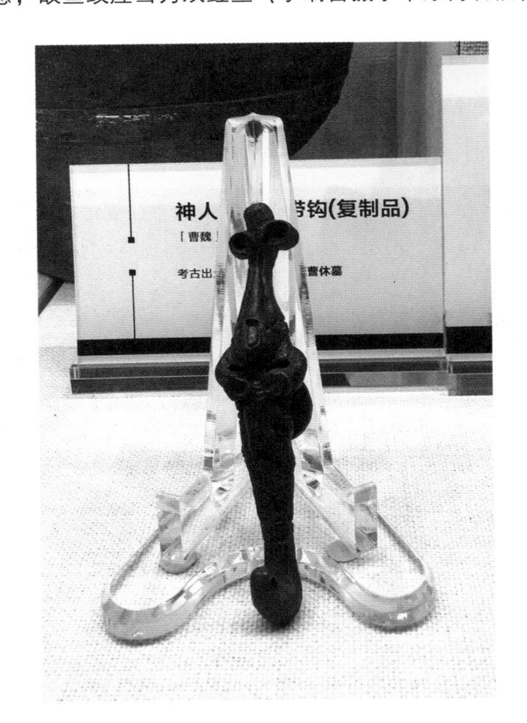

图 3-62　魏晋神人抱鱼铜带钩，带钩是古代贵族和文人武士所系腰带的挂钩，取鲤能通神和“鱼跃龙门”“吉祥太平”之意，故神人所抱之鱼应为鲤鱼（葛格摄于洛阳考古博物馆）

图 3 - 63　唐代双鱼金花银碗，碗心饰以同向游动的双鱼，据学者考证，双鱼分别为鲤鱼和鲇鱼，寓“连年有余”之意（于瑞哲摄于中国国家博物馆）

图 3 - 64　唐双鱼纹四曲银碟，唐代以鲤为尊，故碟底绘生动形象的双鲤鱼纹，鲤形态清晰可辨（于瑞哲摄于陕西历史博物馆）

图 3-65　宋、辽三彩釉印花游鱼海棠式长盘，长盘形如海棠花，盘底绘刻落花游鱼，画面风格形态与宋代鲤题材画作类似（于瑞哲摄于中国国家博物馆）

图 3-66　金代姜黄釉水波鱼纹碗，碗内描绘了鲤在波浪中遨游的画面，人们对鲤形态的描绘越发写实（于瑞哲摄于陕西历史博物馆）

图 3-67　金代三彩盘，盘中描绘一尾游动在花草间的鲤，鲤形态写实，鳞用网状纹表示，腹部与鳞片有明显区分，凸显出立体感，鱼目传神，身体肥硕，尾部翘起，展现正在游动的状态（于瑞哲摄于陕西历史博物馆）

图 3-68　金代三彩碗（于瑞哲摄于陕西历史博物馆）

图 3-69　金代双鱼纹青铜镜，纽两侧各刻一鲤，逐浪嬉戏，镜背满布水波纹（于瑞哲摄于中国国家博物馆）

图 3-70　双鱼纹铜镜（吕浩摄于中国港口博物馆）

图 3－71　元代双鲤纹铜镜（于瑞哲摄于武汉博物馆）

图 3－72　元代褐釉印花三鱼纹贯耳壶，据陶思炎《中国鱼文化》研究，此类构图为共首式的一首三尾鲤鱼图，即以鱼头为构图中心，三尾外张，互成 120°夹角，以渲染合欢交尾的场景，表现生殖崇拜的意思（于瑞哲摄于陕西历史博物馆）

图 3-73 清银页竹编篓，竹篓顶有铜提梁，两侧铆宽银片合页，镂雕成动物形状，并铆一条银鱼，从其形态来看应为鲤鱼，并含有吉祥美好、多子多福之意（于瑞哲摄于武汉博物馆）

第四章　生活百态之鲤风

随着人们对社会认识的不断深入，“鲤文化”经历了由神圣到世俗的转变，逐渐走向大众，走向民间。陶思炎在中国第一部论述中国鱼文化的民俗学著作《中国鱼文化》中阐述了鱼文化的功能，表示鱼文化在不同的时空范畴与表现层面上有其类型的区分，除了用作食物以维持生命的基本需求外，作为启动文化创造的内力，它在社会组织、人伦观念、神话思维、宗教情感、哲学观念、巫术迷信、生产活动、艺术创作以及生活风俗中被充分展现，包括：①早期的图腾崇拜物；②生殖信仰的象征；③丰稔物阜的象征；④辟邪消灾的护神；⑤星精兽体的象征；⑥幻想中世界的载体；⑦沟通天地、生死的神使；⑧阴阳两仪的象征；⑨通灵善化的神物；⑩巫药及占验的法具；⑪祭祀与祝贺的礼物；⑫游乐与赏玩的对象[①]。这些在鲤的民俗功能中同样适用。

第一节　流传千年的传统鲤俗

一、饮食风俗

（一）食鲤传统

中国人讲究“无鱼不成宴，无鲤不成席”，尤其是在山东、河南、甘肃、陕西等地，不论是在逢年过节、新婚嫁娶，还是在宴请宾朋的重要宴席上，鲤鱼都是必不可少的一道菜。千百年来，鲤鱼的烹饪方法已被厨师们钻研得十分透彻，主要包括煎、炸、烧、炖等，其中“红烧”是鲤的传统做法（图 4－1），新中国成立之初，“红烧鲤鱼”就成为开国第一宴中的八大热菜之一。

鲤科鱼类中，黄河鲤以肉质甘鲜肥美而著称，其鳞片金黄闪光，鳍尖部鲜

① 陶思炎，《中国鱼文化》，中国华侨出版公司，1990 年。

图4－1　红烧鲤鱼（聂国兴摄于河南省郑州市阿五黄河大鲤鱼门店）

红，色泽鲜丽，肉质细嫩，是宴会上的佳品。因为它们身上往往带有土腥味，所以在烹饪时，人们习惯先用花椒、胡椒、酱油、月桂叶和八角等调味料腌制鱼肉，再用醋、葱、姜、蒜调成味道浓重的汤汁来掩盖鲤的土腥气。

如今，山东、宁夏、陕西、山西和河南的黄河流域的黄河鲤并列为黄河干流的“五大名鲤”。例如，“糖醋黄河鲤”是中国八大菜系中鲁菜的代表菜之一，《济南府志》早有“黄河之鲤，南阳之蟹，且入食谱”的记录。厨师在制作时，先将鱼身割上刀纹，外裹芡糊，下油炸后，头尾翘起，再用著名的洛口老醋加糖制成糖醋汁，浇在鱼身上，外脆里嫩，甜酸可口，不久便成为民间的一道名菜。宋代“糖醋黄河鲤”的做法流传至河南，经过河南厨师的创新，还形成了“鲤鱼焙面”“鱼形皮冻”等知名菜品（图4－2）。

图4－2　鱼形皮冻（聂国兴摄于河南省郑州市阿五黄河大鲤鱼门店）

国人爱食鲤。除了鲤含有丰富的微量元素外，其自身蕴含的美好寓意也是国人心向往之的重要因素。在民间，鲤一直是吉祥富足的象征，过年吃鲤即代表“年年有余”。鲤又象征着阴阳相合，多子多孙，所以在结婚喜宴上也必要吃鲤。唐中宗时期景龙年间至玄宗开元年间，“烧尾宴”是著名的宴会之一，诸多古籍中都有记载。所谓“烧尾宴”，就是士人初登第或升了官级，同僚、朋友及亲戚前来祝贺，主人要准备丰盛的酒馔和乐舞款待来宾，名为“烧尾”。“烧尾”出自“鱼跃龙门”的典故，传说鲤化身为龙时，须以雷电烧其尾，才得以成龙。这一含义直至今日仍然沿用，如亲朋升迁、子女考上名校，仍会宴请宾客，并以烧鲤鱼来传达喜登龙门之意。

（二）河南“鱼头酒”

在河南地区的宴席上，鲤鱼是一道重头菜。一尾鲤鱼端上来，不论是烧还是熘，在动筷子前有很多讲究。首先，鱼和酒的关系密切，一般鱼头对着谁，谁就要先喝酒，称“鱼头酒”。一般鱼头对着的人要喝三杯酒，鱼尾对着的人要喝四杯酒，称“头三尾四”。这个约定俗成的规矩在河南被广泛接受，因为上鱼时，鱼头所指的必须是主宾——德高望重的长辈和远道而来的贵客，“头三”表示对主宾的敬重，鱼尾所指的是年龄最小或是辈分最低之人，“尾四”则表达对尊者的欢迎或诚意。有些地方还有“腹五背六”之说，即鱼肚子对着谁，谁就要喝五杯酒，鱼背对着谁，谁就要喝六杯酒，但这种说法在现实中多不被采用了。在鱼头酒的发展演变中，劝酒的花样越来越多，人们还会视情况随机应变想出更多更有趣的行酒令来劝酒，以此烘托气氛，让来宾都能尽兴而归。

鱼头酒不下肚，喝鱼头酒者就不会在鱼身上动筷，其他人也不得先行动筷吃鱼。鱼头酒喝罢，一般会由地位尊贵的主宾或长辈先行开口邀请大家动筷，若长辈不动筷晚辈就先动筷则被视为不礼貌。待到真正开始吃鱼时，也要有顺序，一般要从鱼头吃起，顺着吃到鱼尾，寓意“头尾顺利”。有些地区新人结婚时吃鱼只能吃鱼的中段，头尾都要留下，这叫“有头有尾”，以此祝福新婚夫妇白头偕老。如果夹给宾客鱼眼，则代表“高看一眼”；如果夹个鱼翅，就代表“鲲鹏展翅”，预祝对方前途无量；如果夹鱼腹的肉，则表示对方很有才干，满腹文章；如果夹鱼唇，则表示与对方唇齿相依；如果夹鱼尾，则是“委以重任”或“娓娓动听”之意。还有地区食鲤鱼不能翻面，称“食鱼无反”，大抵是因为渔民认为吃鱼翻面不吉利，担心捕鱼时“翻船”而有此忌讳。

二、生活习俗

我国崇鲤的习俗还体现在以鲤作为社会活动的礼品和祭品等方面。

（一）赠鲤传统

赠鲤的习俗大抵从春秋时期鲁昭公赠孔子鲤鱼时就开始流传了，鲤作为礼物在婚嫁事宜中占据一席之地。在宋代，女方回礼用到鱼和箸。《东京梦华录》记载："女家以淡水二瓶，活鱼三五个，箸一双，悉送在元酒瓶内，谓之'回鱼箸'。"[①] 回鱼箸礼仪中的鱼和筷子，均为祈子的吉祥物，且"鱼"谐音"如"，则取"如意"之意，"箸"谐音"注"，取其"注定"之意。这种把鱼作为定亲礼的习俗至今仍在一些地方流行，北方很多地区以鲤作为定亲的六样礼或八样礼之一，象征喜庆、福气。在浙东一代，新人结婚时有"鲤鱼撒子"的婚俗，新媳妇下花轿时，婆家的人随手把一些铜钱或硬币撒在地上，寓意"子孙满堂"[②]。究其原因，一来是鲤旺盛的繁殖能力，迎合了中国传统中人们对多子多福、人丁旺盛的幸福生活的期盼；二来鱼离不开水的情谊正是夫妻之间感情深厚、关系密切的真实写照，以鱼水之情比喻夫妻之情，正是希望新人婚后的生活能和和美美、相亲相爱，是我国流传千年的传统习俗。

（二）祭祀传统

与其他鱼类相比，鲤是人类生活中出现最早、与人的关系也最密切的一种鱼类。与其他鱼类最大的不同就是鲤既是人类喜爱的食物，又是被奉为通灵的神物。因此，很多地区有用鲤祭祖的传统。南方人通常不食鲤，但祭祖绝对少不了鲤，形式也多种多样。广东一些地区在祭祖时会选取一尾活的红鲤，给鲤灌上酒，寓意净化灵魂、消灾除厄，如果红鲤跳动起来，则代表着来年的生活可以更上一层楼。在苏北祭祖，祭台上会摆鲤、猪头和公鸡，祭拜者集体跪拜在台前，同时还有人一边念祭词，一边上贡品。浙江台州有正月初三接土地神

---

① 孟元老，《东京梦华录·卷五·娶妇》。
② 聂济冬，《有关鲤鱼的民俗及其成因》，《民俗研究》，1997年，第3期，第58页。

的习俗，传说土地神会在十二月廿七到天上娘舅家拜岁，正月初三夜才回来，所以要在这一天傍晚接土地神。接土地神前要先将包袱、雨伞准备好，桌上放上活鲤鱼、水果和其他食物，点三支香，出门朝西北方向走，打着伞将土地神接回，第二天还要再去祭拜土地神，以保佑这一年五谷丰登、门头顺当。

除祭祖外，还有各种祭天、祭神活动。宁波商人在农历五月初五“请财神”时也要祭两尾活鲤鱼，祭完后由两人同时放入江河，以祈求“生意兴隆通四海，财源茂盛达三江”。湖北省新洲县（今武汉市新洲区）渔民每年在客商处买得鱼苗后，即在江边焚香烧纸；过春节，人们习惯用鲤鱼敬神，有“鱼跃龙门，步步跳，步步高升”的兆语。新洲县渔民旧时用鲤鱼敬神很虔诚，但新中国成立后，此种习俗逐渐消失了①。

也有一些地方不能把鲤作为祭祀品，如山东某些地区禁止用鲤祭祖，这与孔家“二世祖”孔鲤有关。孔氏族人为了避讳孔鲤的名讳，在祭祀时一律不用鲤鱼，并将鲤鱼也改称为“红鱼”，这个风俗一直延续至今日。

第二节　浸润生活的鲤形象

随着现代社会的不断发展，鲤文化有了更大、更广阔的发展空间，涌现了形式多样、包罗万象的以鲤为主题的艺术作品，鲤文化完全成为人们生活的一部分。

一、装饰画

（一）年画

鲤普遍出现在装饰画里。其中，年画是中国农村老百姓喜闻乐见的艺术形式，用于新年时张贴门、窗，起到装饰环境的作用，含有祝福新年吉祥喜庆之意。在传统年画中，我们经常见到由鲤、童子、莲花、莲蓬、莲叶组合构成的年画“童子抱鱼”“‘莲’年有余”“鲤鱼献宝”（图 4－3、图 4－4），大多是一个胖乎乎的穿红肚兜的小娃娃怀抱或身骑一尾体型硕大、腹部圆鼓、活蹦乱跳

① 李德复，陈金安，《湖北民俗志》，湖北人民出版社，2002 年，第 54 页。

图4-3 “莲”年有余，杨柳青年画（于瑞哲摄于河南省新乡市民居）

图4-4 鲤鱼献宝，杨柳青年画（于瑞哲摄于河南省新乡市民居）

的鲤鱼，身边还围绕着莲花、莲蓬。鲤通身是喜庆的红色，鳞片为耀眼的金色，莲叶和莲花则是鲜艳的绿色和粉色，整体色彩热烈而欢快，给人以吉庆、快乐之感。这类主题的年画都是借助鲤腹多子、繁殖能力强的特点，寄托了人们希求子孙绵延、丰收富裕的美好愿望。鲤与金色的大元宝、翻涌的浪花结合比喻财源滚滚；鲤与威武的龙门、浪花结合则寓意鱼跃龙门、飞黄腾达。这些以鲤为题材的年画采用了双关、谐音、象征等手法，是艺术风格与文化内涵完美结合的艺术形式，表达了民众对美好生活的祈求。这种祈求一般来源于普通民众的两种心理：第一，向往幸福的祈吉心理；第二，消灾驱邪的避害心理。吉祥如意、纳福驱邪的基本功能也是鲤题材年画深受喜爱、长久不衰的原因。

（二）挂画

挂画也是装饰画的一种，随着社会的进步和民众生活质量的提高，人们对艺术审美和品质生活的追求也大大提升，在室内悬挂装饰画成为社会潮流。合适的装饰画能起到点缀亮丽家居、画龙点睛的作用。国画《九鱼图》描绘了九尾黑色或红色的鲤鱼在水中嬉戏玩耍、悠游自在地游动的画面，最具有吉祥如意的寓意。《九鱼图》又称《九如图》，“九如”出自《诗经·小雅·天保》，连用九个“如”字祝颂人君：“如山”“如阜”“如冈”“如陵”“如川之方至”“如月之恒”“如日之升”“如南山之寿”和“如松柏之茂”[①]。每个比喻皆含有吉祥长寿的祝福，后被推而广之，成为祝寿之辞。再加上“九”有长长久久之意，鲤自古就寓意吉祥，因而与其谐音的“九鱼”也就成为吉祥如意的最佳体现。九鱼图与不同的植物搭配，还有不同的含义。莲花“出淤泥而不染，濯清涟而不妖”的高尚品质可以体现家居主人的文化修养与内涵，与九鱼图的搭配还寓意连年有余，挂在玄关处是最好的选择。牡丹，花之富贵者也，若九鱼图与牡丹搭配，则寓意富贵有余，适合挂于卧室。

二、工艺品

（一）剪纸与刺绣

中国民间传统工艺常以鲤为主题图案进行创作，尤其在剪纸、刺绣中鲤形象十分常见。人们借剪纸和刺绣将祈求丰衣足食、人丁兴旺、健康长寿的朴素

① 《诗经》，王秀梅译注，中华书局，2016年，第338页。

愿望传达出来。一些大型的剪纸作品流畅精致，如行云流水一般，如“寿”字祝寿剪纸（图 4－5），高约 1 米，由鲤、金鱼、松枝松叶、荷花荷叶、莲蓬、仙鹤、喜鹊、水云纹和寿桃紧密组合而成，众多元素纷繁复杂地组合在一起，整体字形却极为生动形象，容易辨认。再以卷轴和白纸装裱，两边配以“福如东海长流水，寿比南山不老松”的楹联，就形成了一幅完整的祝寿图。“寿”字刺绣则以剪纸为底样，将剪纸中的各种元素以不同颜色的绣线绣出来，色彩明丽。整幅作品简洁生动、重点突出，如鲤、荷花、莲蓬组成鱼游荷塘图，鲤和花朵簇拥的“福”字，繁体“招财进宝”与六尾鲤构成的合体字，还有常见的《童子抱鲤图》等。它们多用于拜年贺寿、新婚庆贺等吉庆场合，并以镜框、卷轴装裱后贴挂在墙壁上，具有观赏价值。

图 4－5 “寿”字剪纸，左下角一跃动的鲤（和子杰摄于山西临汾洪洞县大槐树镇）

（二）雕刻

雕刻也是一种很重要的艺术表现形式，包括砖雕、木雕。一般是在青砖、木头上雕出山水、花卉、人物，或是象征吉祥的动植物图样、寓言故事及贺寿文字等图案，作为建筑构件或大门、照壁、墙面的装饰。其主题和寓意与剪纸、刺绣等工艺品多有类似。

（三）鱼拓

鱼拓是一种将鱼的形象用墨汁或染料拓印到纸上的技法和艺术。鱼拓最早起源于宋代，其灵感来自中国古老的碑拓技艺。起初，鱼拓主要是垂钓者记录钓鱼的成果和鱼的实际尺寸，后来才慢慢变成了一项充满趣味的手工艺术。制作鱼拓画，要先用清水和盐把鱼体表面的黏液清洗干净，清洗时要注意不让鳞片脱落，然后用干净的纸或布擦去鱼体表面多余的水分。清洗完毕后，鱼要平放在桌板上，四周垫上纸，展开鱼鳍固定，再根据鱼身的颜色调制浓淡不同的颜料，用毛笔涂在鱼体上。拓印的时候要把鱼拓纸喷湿，敷盖在涂满颜料的鱼身上，按压纸张，使得鱼体颜料能充分黏在纸上，将纸轻轻揭起，再用毛笔画出眼睛，题上相关的词句，落款后盖上印章，这样整幅鱼拓作品就基本完成了。

（四）香包

近现代工艺品还常把布偶、风铃、香包做成鲤形以讨个吉祥的好彩头。制作过程是先用棉花和布制成立体的鱼形，再在外层的布上直接染制鱼的头、鳞、尾的轮廓和颜色，最后用铃铛、串珠及木质饰品加以装饰。很多旅游景区会将其作为纪念品来售卖（图 4－6）。

三、民间故事

关于鲤的民间故事可谓数不胜数，几乎各地都有鲤神的传说。这些故事通常围绕着鲤神或鲤精救人和报恩两个主题来讲述。

（一）救人主题

相传唐代，在广西的罗城与宜州交界的天洞之滨，有个美丽的小山村（现罗城仫佬族自治县蓝靛村）。村中有一位叫刘三姐的壮族姑娘，她不但勤劳聪

图 4-6 鲤风铃香包（和子杰摄于山西临汾洪洞县大槐树镇）

明，容貌绝伦，而且擅长唱山歌，并用山歌唱出穷人的心声。当地财主莫怀仁贪其美貌，欲占为妾，遭到她的拒绝和奚落，便怀恨在心。为免遭毒手，三姐同哥哥在众乡亲的帮助下，躲到了柳州小龙潭村边的山峰小岩洞居住。后来，三姐在柳州的踪迹被莫怀仁知晓，要捉杀三姐。小龙潭村及附近的乡亲闻讯纷纷赶来，并为救三姐而与官兵搏斗。三姐不忍心使乡亲流血和受牵连，毅然跳入小龙潭中。刘三姐纵身一跳的时候，突然狂风大作，天昏地暗，随着一道红光，一条金色的大鲤鱼从小龙潭中冲出，驮住三姐，飞上云霄，刘三姐就这样骑着鲤上天，到天宫成了歌仙。后人为纪念刘三姐，将她住过的小山峰称为立鱼峰，还在村边建造了刘三姐骑鲤升仙的雕像。

荆楚之地至今还流传着神鱼送楚国大夫屈原归乡的故事。传说，屈原怀恨投江以后，周边的百姓都轰动了，赶来打捞屈大夫的躯体，而这时游来一条一丈多长的大鲤鱼，它的鱼鳞就像一片片亮瓦，浑身金黄，烁烁闪光，它游到屈原躺着的地方停下来，张开了门扇一样的大嘴巴，朝着江底用力一吸，把屈原一口吸进了肚子里，接着逆江而上，把屈原躯体送归故里。游到香溪河口附近，大鱼停下来，因为无法与屈原家人联系而在江中徘徊了很久，等到屈原的姐姐赶到才将屈原的躯体当面交给了她，使屈原入土为安。

（二）报恩主题

在民间故事中，鲤是被神化的动物，是善良、正义的化身，是人们向往美好生活的情感寄托，它能感知人世间的善恶和人性的美好，不会对人间的恶事视而不见。相传康熙年间，有一位书生赶考路过广西凌云县，在泗水河边休息饮水，看到渔夫手提一尾漂亮的红鲤鱼，书生不忍红鲤鱼成为腹中之食，遂将红鲤鱼买下，送至水源洞中放生。夜间，书生留宿水源寺，红鲤鱼便化作美女报恩，赠书生一支绘有鲤鱼跃龙门的毛笔，几个月后书生果然一举高中。

还有鲤鱼报恩送财的故事。很久以前，有一个好吃懒做的渔夫打捞上来一尾金鲤鱼，这尾金鲤鱼竟能开口说话，许诺只要渔夫放过它它便报恩，渔夫心生歹念，放过金鲤鱼后三番几次找借口骗取钱财。金鲤鱼历经千险越过龙门修炼成龙后，想要感谢恩人，它化身成人去渔夫家中，发现了渔夫的恶行，狠狠地教训了他一番，渔夫终食恶果。

四、戏剧中的鲤鱼精

（一）《观世音鱼篮记》

明传奇[①]作品《观世音鱼篮记》（以下简称《鱼篮记》）是以鲤鱼精为主角的传统经典剧目，主要讲述了东海金鳞鲤鱼精不甘水底寂寞的生活，幻化成女子到人间游玩，卷入原本“指腹为婚”的金张两家的纠葛，变幻为金家女儿金牡丹的模样，劝诱张真结为连理，闹出了真假两位牡丹小姐的感情波澜。为此，金牡丹家人便向开封府尹包公告状，鲤鱼精终被南海观音收服，舍人间恋情，成全了张真与金牡丹小姐的婚事，升仙而去，皈依佛门，被封为“鱼篮观音”，代替观音菩萨巡游人间，救苦救难。《鱼篮记》中的鲤鱼精是历史上极少

---

① 明传奇是早期中国戏曲剧种之一，由宋元“南戏”发展而来，它的繁荣标志着中国戏曲发展的新阶段。

数作为反面角色存在的形象，这与明代描写冤狱诉讼的公案小说兴起有很大关系。明代公案小说是社会黑暗、政治腐败的反映，在内容上极为追求故事情节的离奇曲折，并以此衬托出下层人民所遭受的苦难，而比较忽视对人物性格的着力刻画。同时，在思想内容上也往往夹杂着鬼神迷信和封建说教，《鱼篮记》正是源自明代公案小说《包公案·金鲤篇》，作者着力描写包公借助于神灵的力量战胜邪恶，并化恶为善，旨在宣扬抑恶扬善、因果报应。鲤鱼精遁入空门的情节说明了该剧“导人向善”的鲜明主题，而成全张真与金牡丹婚姻的结局则暗示了鲤仍然是美满姻缘的象征。

（二）以《观世音鱼篮记》为蓝本的作品

新中国成立后，中国近代著名剧作家安娥将《观世音鱼篮记》改编为湘剧《追鱼记》，删去了因果报应的内容，故事主旨由“导人向善”变成了“反封建”并歌颂至死不渝的爱情。故事结尾也由让读书人“衣锦还乡”的俗套情节，变为鲤精忍痛拔鳞，化为凡人与张真过着幸福美满的生活，把鲤鱼精塑造为一个为了追求美好爱情而甘愿舍弃神仙生活、忍受人间疾苦的多情女子的形象。《鱼篮记》在民间流传甚广。特别是自《追鱼记》诞生后的50余年间，鲤鱼精和张真的爱情故事不断被改编、翻拍，先后出现了越剧《追鱼》胶片电影，1965年香港邵氏电影《鱼美人》，电视剧《包青天》（1993年版）的第31单元《鱼美人》篇，2000年电视剧《天地传说之鱼美人》，2013年电视剧《追鱼传奇》和神话剧《无双谱》的《追鱼》篇等。上述影视剧皆以《观世音鱼篮记》为蓝本，仿照湘剧《追鱼记》中鲤鱼精的形象，讲述了书生张真和鲤鱼精之间的凄美爱情故事。每个版本略有不同，《包青天》中《鱼美人》篇中的鲤鱼精能舍爱劝张真珍惜无依无靠的牡丹，而自己却为救包拯身受重伤，千年修炼尽毁。《天地传说之鱼美人》中，鲤鱼精为救爱人最终魂飞魄散，悲剧收场。《无双谱》的《追鱼》篇中，鲤鱼精为救百姓献出原本能救自己性命的甘露来净化黄河。《追鱼传奇》中的鲤鱼精为爱情放弃了成龙的机会，与张真几经波折，终成正果。这也说明了相较于原版中作为反面角色的鲤鱼精，人们还是更愿意接受那个善良可爱、敢爱敢恨的鲤鱼精。她的可爱可敬和她对真挚爱情的追求象征着人民对美好生活的向往及渴望，因此也更能打动观众的内心。

（三）新编戏剧

在传承传统戏本的同时，不乏鲤鱼化人的新故事走上荧幕，如《桂林山水传奇之红鲤公主》，讲的是一个樵夫家里的井中有一条红鲤鱼，红鲤鱼似有神性，常常把水喝干，樵夫经常挑水来喂它，后来红鲤鱼化成人形来报樵夫的灌水之恩，就嫁给了他。古装神话剧《碧波仙子》，讲述了因机缘巧合相识的鲤鱼仙子和县官李安之间波折坎坷的凄美爱情故事，特别之处是，该作品中的鲤鱼精是个智勇双全的破案高手，帮助县官李安解决了不少难题。中国戏剧繁荣发展以来，艺术家们塑造了不少令人记忆深刻的鲤鱼精形象，她们有的善良正直、心系苍生，有的机灵可爱、足智多谋，而鲤象征爱情，寓意幸福、美满自始至终没有改变过，一直是真、善、美的表现。

第三节　民族服饰中的鲤元素

中国的民族服饰是指各民族本身文化中独有的特色的服饰。民族服饰的图案是劳动人民的艺术创造之精华，具有极高的艺术价值和深厚的文化内涵，其内容丰富、主题广泛，鱼纹是其重要的纹样之一。自原始社会的彩陶艺术起，鱼形纹饰就是表现美好生活的一种艺术样式，而鲤在劳动人民生活中出现的时间最久、文化底蕴最深，因此可以说鲤形鱼纹是我国文化史上历时最长、应用最广、民俗功能最多、民间性最强的传统纹样。

一、图案演化

（一）图腾崇拜

服饰图案的形成与图腾崇拜有着密切的关系。在原始的信仰中，人们认为自己的祖先来源于某种动物或植物，或是与某种动物或植物存在亲缘关系，于是某种动物或植物便成了这个族群最古老的祖先。原始人相信万物皆有灵，且灵魂有善恶之分，给人类带来幸福和欢乐的是善灵，带来灾害和疾病的是恶灵，因此人们便对自然界的灵魂有了敬畏。为了得到善灵的保护，先民将图腾的形象画在生活中，以示保佑和避邪。他们相信这些护符具有人眼看不见的超自然的力量，可以避免疾病、野兽的侵害及天灾的发生。

图腾与人同体，最早可能是以“画身”“画脸”的形式出现的。先民为了表示对图腾的尊崇，也为了与其他氏族部落区分开来，便开始在自己的身体上雕刻或描绘图腾形象。《山海经》中记载有古雕题国[①]，“雕”就是刺、纹，“题”就是额、额头，即在人体上刺文字或图案。郭璞注雕题国人“点涅其面，画体为鳞采，即鲛人也”。雕题国内流行着画面画体的习俗，就是在人脸上刺字或图案，然后涂以墨，在身体上画鳞片以模仿龙蛇。相对于画身、画脸的图腾纹饰来说，文身以固定的图腾装饰伴人终生，更具持久性。图腾人体装饰还能以其切、刺、染等伤皮动肉的痛楚感，唤起文身者坚韧的意志力，使其在对痛苦的忍耐与超越中获得灵魂的洗礼，唤起神圣感和尊严意识。

（二）鱼纹应用

在先秦理性批判的时代，古代学者从守孝道则不能损伤身体皮肤的角度对图腾文身进行否定和拒绝，再加上图腾观念的淡化和服饰的产生，在人体上绘刻图腾逐渐为在服饰上织绣图案所代替，这些图案多来源于先民渔猎和农业的劳动生产，再加上对日、月、水、山、石等自然形象的观察，慢慢创造出了如鱼纹、鸟纹、植物纹、云纹、网纹等固定的纹样，依然保持了图腾的装饰性和象征意味。故有观点认为，服饰图案最初是作为某种象征而存在的，原始社会羽毛、骨角、玉石等贵重、美丽、便于识别的物体，作为象征地位、力量的标志，或作为与其他族群区别的手段；封建社会仅有皇帝能用的龙纹、黄袍，作为权力的象征。服饰图案还起源于一种美化自我的愿望，它是人类审美情感的展现。追求美是人类的共同情感。在认识世界的过程中，人们发现了贝壳、玉石、动植物纹的装饰作用和美的内涵，开始通过对自身的美化来吸引同类的注意，并满足自身的美感需求。

在服饰图案上千年的演化中，鱼纹是十分古老的纹样。新石器时代以来，纹样图案的产生和发展也经历了一个从幼稚到成熟的过程，从原始的具象纹样的纪实向抽象纹样的概括演进，说明人们的审美意识和艺术创造力在

---

① 一般认为雕题国在今海南省内。

日臻成熟。根据前文的探究，仰韶时期有些渔网状纹饰、三角形或菱形纹饰，正是先民通过对鱼类外形进行分解、复合将鱼纹逐步抽象化演变的结果。

菱格纹是一种十分常见的几何抽象图案，在先秦时期楚国的丝织品中十分常见。自东周后，楚国的纺织业和刺绣技术已较为成熟和发达，丝织品生产规模日益扩大，品种多样，织造精细，花色秀丽且纹样多变，尤其是在楚文化发展的鼎盛时期，创造出了绮丽浪漫、华丽丰富的装饰纹样，菱格纹以其巧妙的对称、连续、错觉，展现出了和谐、严密、规律、变化的理性美。

与其类似的还有涡旋纹。有学者证明，通过深入发掘涡旋纹的对称形式和节奏规律，发现涡旋纹的形成与动植物等自然形体的呈现有着紧密的联系[①]。例如，鱼儿的游动、水面的涟漪对涡旋纹的产生都有直接影响，人们对鱼、水的外形进行了提取、凝练，以分解、变形、重构的方式创造出了无限重复和变化的曲线纹样。马家窑彩陶中的涡旋纹，可能就是由原始的双鱼图演化而来的，它所表现的就是鱼游于水、鱼水交融的形态，延续了鱼纹生殖崇拜的内涵[②]。荆州马山楚墓出土的凤龙相蟠纹绣紫红绢单衣[③]上的涡旋纹，一龙纹一凤纹相交成“S”形，十分类似“阴阳鱼”的形态，两尾鱼互相追逐的图形被赋予了多子的寓意。

早期涡旋纹的使用，促进了唐代“缠枝纹”的产生，唐代的图案纹样色彩更加多样化，织物结构更趋丰满，工艺也有较大进步。缠枝纹又称“卷草纹”，它以植物的枝干作骨架，向四方延伸，形成婉转卷曲、循环往复的交织结构。相对于涡旋纹来说，缠枝纹更加繁复艳丽、华贵精致，但从资料可以看出，缠枝纹的构图法依然是在阴阳鱼中的“S”形基础上，经演变而发展丰富起来的。缠枝纹发展至后期，真实的鱼形象也进入了缠枝图案中，形成写实的花、草、鱼、虫绘画，传达出更加丰富、深远的意象隐喻。

宋代服饰图案的发展得益于朝廷的奖励提倡，也受宋代绘画技艺的影响，图案题材广泛，鱼虽是其可选题材之一，但仍然不如花鸟题材使用广泛。

元代基本承袭了两宋的装饰艺术，并在其基础上进一步发展，以凤、兔、

---

① 陈卓，柳翰，《论中国传统缠枝纹的演变》，《中国美术研究》，2019 年，第 2 期，第 149 页。

② 李芳，《漫谈涡旋纹》，苏州大学学报（工科版），2002 年，第 6 期。

③ 湖北省荆州地区博物馆，《江陵马山一号楚墓》，文物出版社，1985 年，第 59－60 页。

鹤、鹿、鹭、鹜等为主，还加入了水生动物——龟、鲤等纹饰[1]。

受藏传佛教艺术的影响，始于元代而盛行于明清时期的“八吉祥”纹样[2]，是服装、瓷绘的典型纹样，双鱼纹为其一，象征吉祥、幸福、圆满，在封建社会中向来只有帝王和少数高官才能使用，所以在社会中并不普及。双鱼纹一般织绣在外衣正面下方交襟处，清雍正年间的明黄色缎绣彩云八宝金龙纹女夹龙袍[3]，左、右交襟处绣两尾腹部相对的蓝色双鱼（图 4 - 7）；道光年间的蓝色纳纱三蓝云蝠八宝金龙纹女单龙袍也是在同样的地方有双鱼图，由此可见鱼纹在纹饰中的地位。双鱼图早在汉代的织锦上就已出现过，但那时的“八吉祥”纹还未形成，双鱼图仍多为生殖崇拜之意，而“八吉祥”纹中的“双鱼”被赋予了浓厚的宗教色彩。在调研过程中，笔者发现双鲤鱼、莲花、宝瓶还以雕塑的形式出现（图 4 - 8）。

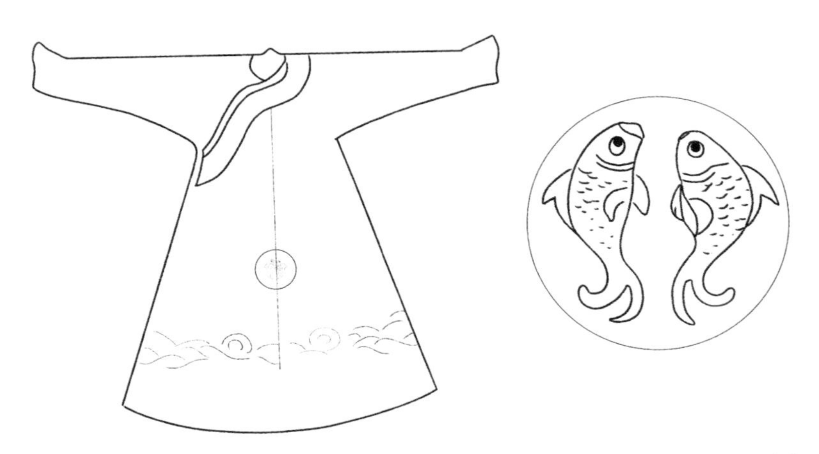

图 4 - 7　明黄色缎绣彩云八宝金龙纹女夹龙袍，左、右交襟处绣两尾腹部相对的双鱼纹，鱼体各部位为鲤的形态（据实物绘）

清代是苏绣的全盛时期。苏绣具有图案秀丽、构思巧妙、绣工细致、针法活泼、色彩清雅的独特风格。《十二红鱼图》一直是各大苏绣名家临摹的经典之作，也是考究苏绣工艺的必修课。它由十二尾红色鲤鱼拥簇成一团，利用丝

---

① 秦菽彬，《传统服饰中“鱼”纹样的吉祥内涵》，《艺术科技》，2013 年，第 4 期，第 88 页。

② 八吉祥又称八宝、八瑞相，是藏传佛教中八种表示吉庆祥瑞之物，依次为宝瓶、宝盖、双鱼、莲花、右旋螺、吉祥结、尊胜幢、法轮。

③ 现藏于故宫博物院。

图 4－8　龙门石窟的鲤鱼雕像，莲花池中有三尾鲤鱼、莲叶、莲蓬和宝瓶
（程利娇摄于洛阳龙门石窟）

线的自然反光，以不同粗细的丝线改变鱼体颜色，以达到仿佛有阳光照射到鱼体上的立体效果。十二条鱼则代表十二个月，寓意月月有余，年年有余，也寓意一团和气。

二、民族服饰

在民族服饰中，鱼纹常为鲤形象，其主题和形式多种多样，既包括带有少数民族自身特点的独有形式，又包括与汉族形制相同的传统纹样。据其数量的不同可以组成“双鱼”“阴阳鱼”及“多鱼共首式”鱼纹，与其他动物组成“鸡头鱼”“龙头鱼尾”“虎头鱼尾”“凤头鱼尾”“鱼跃龙门”，与植物组成“鱼戏莲”“鱼咬莲”“‘莲’生贵子”“鱼藻图”等。

（一）苗族

鲤鱼纹是苗族传统服饰中经常使用的图形纹样之一，由于苗族特殊的历史与环境，其鱼纹呈现出极具民族特色的艺术色彩。根据历史文献记载和苗族口传资料，苗族先民最早居住于黄河中下游地区，鱼类是他们生活的必需品，在物质生产中扮演了重要角色。苗族先民依水而居的生活环境和靠渔猎为主的生活方式，使苗族人民与鱼的联系不断加深。“三苗”时代[①]苗族又迁移至江汉平原，后又因战争、灾害等原因，逐渐向南、向西大迁徙，进入西南山区和云贵高原。自明、清以后，有一部分苗族移居东南亚各国，近代又从这些地方远徙欧美。一方面，多次大规模迁徙使苗族人民格外珍惜自己的生活环境，并且苗族人民大多居住在自然环境较为原始的山区中，自古便与自然为伴，接触的大多是山川、河流和各类动植物，所以苗族的服饰图案大都来源于大自然和苗族人民对生活的感悟。另一方面，常年的战乱使苗族人民的生存受到威胁，不断经历人员伤亡，人口下降，历尽了千辛万苦才过上了民族平等、安居乐业的生活。因此，他们更加渴望种族兴旺、民族繁荣，将强烈的生殖崇拜寄托在多产的鲤上，将鲤鱼融入自己的生活，以期望能够得到神灵的庇佑。

苗族服饰上的鲤鱼图案一般用重复、对称、对比的方法排列组合，外形尽可能地模仿、还原真实的鱼类形象，线条刻画流畅，鱼鳞做最简单的留白处理，有的以“C”形依次整齐地排列，有的呈交叉的网状，并常与动物纹、植物纹和其他物品组合出现在刺绣和银饰中，大致分为以下几类。

1. 鲤鱼主题

鲤鱼主题的鱼纹采用最简单的重复组合的方法，来凸显、强调鱼纹的造型特征，鱼的体积小而数量多，重表意不写实，这种表现方式主要是为了突出鲤鱼成群结队的生活特性以及自身旺盛的繁殖力。

交鱼纹是苗族服饰纹样中出现频率很高的图案，一般以阴阳鱼的结构为基础，在图中描绘出两尾身体紧密相贴的鱼，鱼体头大尾细，一尾鱼的鱼头嵌入另一尾鱼体卷曲成的凹陷处，呈双鱼合抱的正圆形图案。阴阳鱼一般是由雌、雄两条鱼组成，意在阴阳交合、繁衍生息。有些阴阳鱼周围还用芒纹圈住，这样更凸显了鱼纹的中心地位。

还有一种交鱼纹不是两尾鲤组成，而是若干大小不同、形态各异的鲤紧密地聚集在一起，一尾鱼的鱼头紧贴另一尾鱼的鱼腹，富有动感，栩栩如生。这是对鱼类繁殖的写实性描绘，雄鱼追逐雌鱼，用头和鳃频繁地撞冲和摩擦雌鱼

① 中国上古传说中黄帝至尧舜禹时代的部落名，又称“有苗”。主要分布在洞庭湖（今湖南北部）和彭蠡湖（今江西鄱阳湖）之间，即长江中游以南一带。

的腹部，雌鱼则向水草丰茂处回避，致使众多的鱼挤到了一块。这类图案的用意在于借鱼类的多子象征子孙的繁衍、宗族的兴旺。

2. 鲤鱼与动物纹结合

鱼鸟图是苗族刺绣、蜡染中常见的一种吉祥纹饰。其组合方式多种多样，最常见的是在汉族也十分流行的“鸟衔鱼”图案（例如，仰韶文化时期出土的鹳鱼石斧图就是最经典的“鸟衔鱼”图案）。一方面，因鸟能在天空自由翱翔，就被赋予了通天的本领，鱼能在水里悠游游动就被赋予了通地的能力，所以苗族人民用鸟比喻男人，用鲤鱼比喻女人，将这两种通天地的神物结合在一起则代表天地阴阳交合，寓意爱情婚姻、生殖繁衍。另一方面，苗族人民认为鸟和鱼可以将死者的灵魂带到原来的居住地，又能载着祖先的灵魂回到活着的后人居住地，传递着苗族人对祖先的思念和对祖先灵魂的召唤，带有浓厚的巫术含义[①]。

龙首鱼身图是苗族服饰中常用的组合图，它有些类似汉族的龙首鱼身图（又称“鱼龙变图”），却又不像汉族中的龙纹形态那么固定，也不像汉族龙纹那么凶猛威武，而是可以自由变化形态，有的形体纤长，飘逸优雅，有的体肥短小，憨态可掬。鱼跃龙门这种经久不衰的主题也是鱼龙纹中常出现的图案，借此表达出对年轻人功成名就、仕途得意、飞黄腾达的美好祝愿。

鱼和蝴蝶的组合纹样在苗族传统服饰中随处可见（图 4 - 9、图 4 - 10），样式繁多，如黔东南一带的苗族服饰，蝴蝶纹样造型多达几十种。苗族视蝴蝶为祖先，敬称为“妹榜妹留”，即“蝴蝶妈妈”，相传蝴蝶妈妈一生下来就要吃鱼：“榜生下来要吃鱼，鱼儿在哪里？鱼在继尾池。继尾古塘里，鱼儿多着呢！草帽般大的瓢虫，仓柱样大粗的泥鳅，穿枋般大的鲤鱼。这里的鱼给她吃。榜略好喜欢。[②]”就蝴蝶本身来看，蝴蝶是卵生动物，生育繁殖能力强，因而成为苗族生殖崇拜的对象，与鱼的组合使用则更强化了祈求消灾降福、生殖繁盛的心态。还有麒麟、蝙蝠和蟾蜍等代表祥瑞的动物也与鱼搭配组合，一般被装饰在小孩的帽子、背带、肚兜上，用来辟邪、消灾、祛病。

3. 鲤鱼与植物纹结合

与汉族的鱼纹类似，鲤鱼与植物的结合寄托着苗族人们追求富裕、安定的

---

① 程越渝，《黔东南苗族鱼纹图形语言分析》，重庆师范大学，2015 年。

② 《苗族史诗》，马学良，今旦注译，中国民间文艺出版社，1983 年，第 165 页。

图 4-9　苗族女服（于瑞哲摄于南宁博物馆）

图 4-10　苗族女服上的鲤纹与蝴蝶纹银饰，每组鲤鱼腹相对，组合成一个爱心的形式，展现幸福美好的寓意（于瑞哲摄于南宁博物馆）

愿望。例如，鲤鱼与莲花、莲叶的搭配同样象征爱情与生殖繁衍，又谐音“连（莲）年有余（鱼）”，是民间艺术中常用的吉祥纹饰；鲤鱼与石榴组合则象征多子和繁衍兴盛，与葫芦搭配也可寓意旺运纳福。

（二）藏族

受宗教文化的影响，藏族人民对鱼保留敬畏与慈悲之心，这种独特的民风民俗决定了藏族服饰风格的独树一帜，其服饰图案中的鱼形与宗教文化有十分紧密的联系。鱼在藏族服饰中大多作为宗教象征物出现，例如，“八吉祥”中的双鱼纹，就是佛教进入藏族人民生活的产物，一般以一雌一雄来象征解脱，既可以成对出现，用于头巾、毡帽的装饰，又可以与其他七种图案组合出现，用于门襟、短衬衣等的装饰，在艺术品装饰中处于举足轻重的地位。在甘肃陇南白马藏族中，鱼形银纽扣、鱼形图案装饰和鱼骨牌是最常见也是最重要的饰品，被认为具有驱瘟神、保平安的作用。

在藏族服饰纹样中，几何纹是一种独立成熟的纹样主题。调查发现，藏族人民的服饰上多有菱格纹。菱格纹是鱼纹几经发展后的变体纹样，藏族人民对菱格纹的运用表明了藏族人民与鱼之间复杂而又紧密的联系。事实上，在早期西藏某些地区的藏族人民还留存着吃鱼的习惯。例如，在拉萨的曲贡遗址中就出土了大量的鱼骨、网坠和箭镞等[①]，雅鲁藏布江的支流尼洋河流域和与雅鲁藏布江交汇处的居木遗址、云星遗址、红光和加拉马等遗址也均发现了捕鱼用的网坠，这都是早期藏族人民以渔猎为生的证据。并且，甘肃甘南藏区地处黄河流域上游，新石器时期的甘肃中南部是马家窑文化的分布区，作为仰韶文化的延续，马家窑文化出土的器物及其纹样多与仰韶文化类似，因此藏族人民的生活中出现鱼纹的变体——菱格纹更是展现了藏族与鱼的长久渊源。

（三）蒙古族

蒙古族服饰中也有鲤的身影，清代的蒙古族贵族女子婚礼上戴的森头帽帽顶用鲤形的配件作为装饰（图 4 - 11、图 4 - 12），民间手工艺品也绘鱼纹，蒙

① 王仁湘，《拉萨河谷的新石器时代居民——曲贡遗址发掘记》，《西藏研究》，1990 年，第 4 期，第 137 页。

古族人称其为“手格斯”，取其繁殖力强、多子之意。

图 4－11　蒙古族森头帽（于瑞哲摄于南宁博物馆）

图 4－12　蒙古族森头帽帽顶银质鱼形装饰（左），形态似鲤（于瑞哲摄于南宁博物馆）

（四）布朗族

布朗族银饰中的纹饰图案一般寓意幸福美满、多子多福，故图案大多以鲤鱼为原型。图 4－13 银饰中的双鱼侧线明显，以鲤鱼为原型，整体造型显得十分圆润可爱。

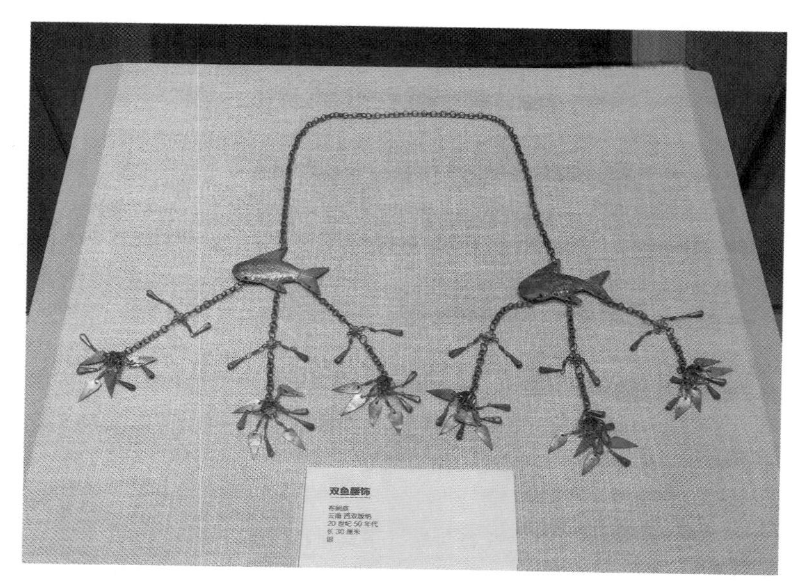

图 4－13　布朗族双鱼银饰（于瑞哲摄于南宁博物馆）

（五）白族

白族的儿童有戴“鱼尾帽”的习俗。鱼尾帽由黑色或金色的布制成，整体呈鱼形，鱼头在前，鱼尾后翘，帽边绣花草纹，上缀银泡子或白色珠子代表鱼鳞，在上翘的鱼尾处还有彩色流苏或红色绒球作装饰，这可能是白族先民对鱼的原始崇拜的遗俗。佩件上也有鱼形纹饰，缀鱼绣花挎包下方缀有三尾鲤鱼形吊饰（图 4－14），挎包是妇女随身之物，也是青年女子赠予恋人的定情信物。

（六）黎族

黎族的民间织锦有悠久的历史，多用于妇女筒裙、摇兜等生活用品，制作精巧，色彩鲜艳，富有夸张和浪漫的风格，图案花纹精美，配色协调，鸟兽、花草、人物栩栩如生，在纺、织、染、绣方面均有本民族特色。黎族织锦图案主要是反映黎族社会生产、生活、爱情婚姻、宗教活动，以及传说中吉祥美好

图 4-14　缀鱼绣花挎包（于瑞哲摄于南宁博物馆）

的物象等，鱼纹就是其中重要的一种纹饰。黎族人将这些纹饰记录在黎锦织机的一种长条形构件上以便保存，称为“骨簪”（图 4-15）。这些骨簪犹如黎锦图案的“记忆棒”，当黎族男子喜欢上一位姑娘，他会向她赠送“骨簪”。女子会根据“骨簪”图案的精美程度决定是否接受，因为“骨簪”图案代表了男子家族织造黎锦的精美程度。“骨簪”的工艺精湛程度，则显示出求婚男子是否是一个有能力和责任心的人。它作为爱情的纽带、精神的寄托，反映了黎族姑娘对幸福的无限向往和追求。这样的“骨簪”，后来也演化成为发簪，具有了装饰的功能。

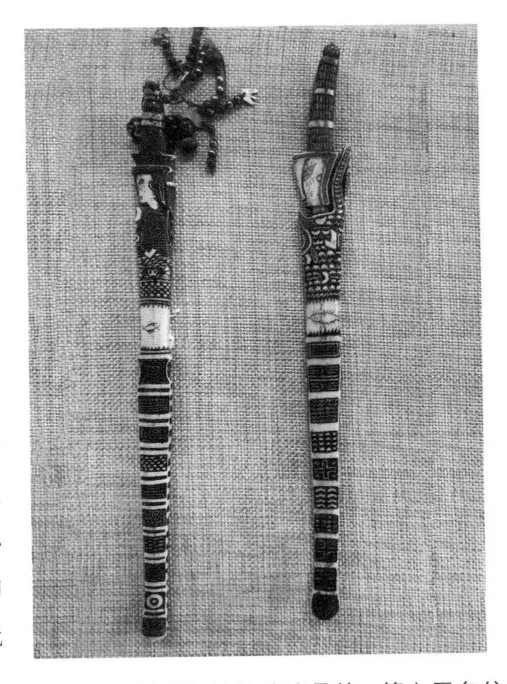

图 4-15　记录鱼纹的黎族骨簪，簪上画鱼纹（于瑞哲摄于南宁博物馆）

第四节　锦鲤——当代人的“幸运符”

一、发源与概况

（一）历史文化

锦鲤（*Cyprinus carpio*）是一种高档观赏鱼，在生物学上属于鲤科、鲤属，是鲤的一个变异杂交品种，是由于养殖环境的变化引起体色突变、历经近300年的人工选育和杂交而培育出来的观赏鱼，因其极长的寿命和美妙的体色，被誉为“水中活宝石”和“观赏鱼之王”（图4-16、图4-17）。

图4-16　观赏鱼养殖（聂国兴摄于郑州市黄河鲤种质资源保护工作站渔场，荥阳市王村镇滩区）

锦鲤的祖先就是我们常见的食用鲤。目前，有学者认为晋代崔豹《古今注·鱼虫》中就记载了鲤体色改变的现象：“兖州人谓赤鲤为赤骥，谓青鲤为青马，谓黑鲤为玄驹，谓白鲤为白騏，谓黄鲤为黄雉。”《古今注》一书对我们了解古人对自然界的认识、古代典章制度和习俗有一定的帮助，但从科学角度来看，文中的一些解释不尽合理，带有一定随意性，并且直至宋代以前，都未曾有一份典籍记载我国古代的养殖技术有能使鲤变色的情况，故笔者认为崔豹笔下的赤、青、黑、白、黄色鲤可能仅仅是作者对鲤能神变的想象，而并非真的出现

图 4－17　锦鲤壁画（危智敏　供图）

了鲤的变异品种。

最先使用“锦鲤”一词的是唐代文人，如蔡伸《南乡子》“锦鲤殷勤为渡江”[①]。很多诗词都曾使用过“锦鲤”一词，但这里的“锦鲤”也并不是我们现在常见的观赏鱼锦鲤，而是指鳞光闪烁的鲤。

宋代，我国鱼类养殖技术大大提高，据岳珂《程史》记载，宋代的宫廷技师就已经能按照培育金鱼（金鲫）的方法，筛选出来符合大众审美的变异品种：“今中都有豢鱼者，能变鱼，以金色鲫为上，鲤次之。”宋代老百姓普遍好养金鱼，当时金鱼（金鲫）为上品观赏鱼，而金鲤是处于次等的观赏鱼，即便是鲤的金色品种也不如金鱼受世人喜爱。

明代，红鲤才作为观赏鱼在国内普及。例如，与兴国红鲤、玻璃红鲤并列为“江西三红”的“荷包红鲤”，据《婺源县志》（清光绪版）记载，明万历年间，神宗皇帝将御花园内供观赏的红鲤取出数尾赐给当时的户部右侍郎江西婺源人余懋学。余懋学告老还乡后，雇工凿了一口大石缸，将钦赐的红鲤精心饲养起来以供观赏，并使之繁衍，用来赠送亲友。后来婺源的民众也普遍饲养，

① 唐圭璋等，《全宋词》，中华书局，1999 年，第 1316 页。

红鲤便成为一种集观赏与食用于一身的特有鱼种。

红鲤可以说是锦鲤的前身。红鲤传入日本后，日本新潟县的某个农民在饲养过程中发现这种鲤体色会发生改变，后经长期人工选育而成为现在的锦鲤。公元 1804—1829 年，锦鲤多是皇家贵族和高官显贵家中的观赏鱼，或饲养于寺院神社，普通平民难得一见，锦鲤自身又带点神秘色彩，所以它最早被称为“神鱼”，又称“绯鲤”“色鲤”“花鲤”，取鱼体表面色彩鲜艳、花色似锦之意，第二次世界大战后改称“锦鲤”。

（二）绚丽形貌

经过多年的培育与筛选，锦鲤已经发展到了全盛时期，锦鲤品种也由最初的几个品种演变到目前 13 个大类 119 个品种[①]，包括红白、大正三色、昭和三色、写鲤、别光、浅黄・秋翠、衣、金银鳞、黄金、花纹皮光鲤、光写、丹顶、变种鲤；其中，最著名、最受追捧的就是被称为“御三家”的红白锦鲤、大正三色锦鲤、昭和三色锦鲤（图 4－18、图 4－19）。

图 4－18　园林鲤池（危智敏　供图）

① 根据全日本锦鲤品评会的分类标准，锦鲤被分为 13 个大类。

图 4－19 锦鲤（危智敏 供图）

红白锦鲤。红白锦鲤是日本锦鲤的正统，是最具代表性的品种之一，其体色为在白底之上衬有红色斑块，白色雪白，红色鲜红，且红斑均匀分布、左右对称，斑纹的边际整洁，红斑和白底之间的分界线整洁分明，没有过渡色，称“切边”整齐；红白相映，清晰明快，十分具有美感。红白锦鲤的头部一定要有绯，若头上没有绯，尽管躯干上有非常漂亮的花纹，观赏价值也会大打折扣，被称为“和尚”；并且头上绯越大越好，但不可沾染到眼、腭、颊、嘴吻，前部到达鼻孔线最好，至少也应到达眼线；在头和肩部之间的红斑要有一个白色的内收，与肩部相连，称为“肩裂”；尾部花纹则要距尾鳍基部 2 厘米左右为最好，称为“尾结”；若红斑下卷超过侧线而延伸到腹部，称为“卷腹”，会更加具有健硕之感。躯干部花纹必须左右对称，后半部分的斑纹不可重于前半部分，尤其是在靠近头部的肩背部，最好有大块斑纹，这是整条鱼的观赏焦点。

根据其背部红斑分布的数量、形状和部位的不同，红白锦鲤可分为以下品种：①在白色鱼体上有两段绯红色的斑纹，称二段红白锦鲤；②在白色鱼体上有三段绯红色的斑纹，称三段红白锦鲤；③在白色鱼体上有四段绯红色的斑纹，称四段红白锦鲤；④从头部到尾柄有一红色的条带，称一条红红白锦鲤；⑤从头部到尾柄有连续闪电状花纹，称闪电红白锦鲤；⑥鱼体腹部两侧有红色斑纹，与鱼身白底构成的形状酷似拿破仑帽，称拿破仑红白锦鲤；⑦整个头部都被红斑覆盖而身体其他地方则是红白搭配的，称覆面红白锦鲤（在二段、三段、四段红白锦鲤中十分常见）；⑧头上有银白色的粒状斑点（一般只出现在1龄或是2龄的鱼体上），状如富士山山顶终年银白色的积雪，身体其他部位为红斑和白地交叉分布的，称富士红白；⑨鱼身有金色或银色金属感的鳞片并且有耀眼光泽的，称金银鳞红白；⑩鱼体背部两侧均匀地分布着小粒红斑聚集成葡萄状的花纹的，称御殿樱红白；⑪红白锦鲤与德国镜鲤杂交，培育出的身上无鳞或少鳞的红白锦鲤，称为德国红白；⑫嘴吻上有小小圆圆的红斑纹的，称口红红白锦鲤。

人们常说“始于红白，终于红白”，就是指初学者不仅在刚看到红白锦鲤时会觉得它美丽非凡，而且在对锦鲤其他品种有了深入了解之后，反复品味其中韵味，还是觉得红白锦鲤最为高雅美妙。

（1）大正三色锦鲤。大正三色锦鲤产生于1915年日本大正时代，鱼体在白底上有红色及黑色斑纹。与红白锦鲤的要求相同，大正三色锦鲤的白要纯白，红要鲜艳，黑要像墨一样黑，均匀浓厚，边缘清晰，大的绯红色斑纹和少量黑色斑纹和谐地排列于背部上方当算上品。头部、尾部、躯干上红色斑纹的标准与红白锦鲤相同，并在其基础上要求头部不可有黑斑，而肩上必须有，这是整条锦鲤的观赏重点；身上的黑斑要聚集，不能过于分散，以白底上的墨斑为佳品，称为穴墨，红斑上有墨斑称为重叠墨。根据其鱼体上红、黑色斑的分布可分为以下4种：①嘴吻上有圆形小红斑的称口红三色锦鲤；②从头至尾柄有连续红斑纹的称赤三色锦鲤；③头部出现银白色粒状斑纹的称富士三色锦鲤；④大正三色与德国镜鲤杂交，培育出身上无鳞或少鳞的锦鲤，称为德国三色锦鲤。

（2）昭和三色锦鲤。产生于1927年日本昭和时代，黑底上有均匀分布的红白斑纹，且胸鳍基部有黑斑的是昭和三色锦鲤。其头部必须有大型红斑，红质均匀，边缘清晰，色浓者为佳；墨斑可进入头部，这是与大正三色锦鲤的主要区别之处。躯干上墨纹为闪电形或三角形，粗大而卷至腹部。主要品种有：①淡黑昭和锦鲤，昭和三色的黑斑上，所有的鳞片呈浅黑色；②绯昭和锦鲤，全身有连续大红花纹；③近代昭和锦鲤，白斑纹所占面积较多，黑纹犹如黑点白宣，与大正三色锦鲤十分相似；④德国昭和锦鲤，昭和三色与德国镜鲤杂交培育出身上无鳞或少鳞的昭和三色。

（3）写鲤。写鲤是以黑色体色为基底，上面有三角形的白斑纹、黄斑纹或红斑纹，根据斑纹的颜色分为白写锦鲤、黄写锦鲤、绯写锦鲤。

（4）别光锦鲤。别光锦鲤是在洁白、绯红、金黄的不同底色上呈现出黑斑的锦鲤，黑斑不进入头部，并根据不同底色分为白别光锦鲤、赤别光锦鲤、黄别光锦鲤。

（5）浅黄・秋翠。背部呈深蓝色或浅蓝色，一片一片的鱼鳞外缘呈白色，而左右脸部、腹部以及各鳍基部呈赤色的锦鲤称为“浅黄”；德国鲤系统的浅黄，称为“秋翠”。

（6）衣锦鲤。衣锦鲤是红白或三色锦鲤与浅黄锦鲤交配所产生的品种。在锦鲤的红斑下有若隐若现的蓝色，犹如穿了一件秋蝉薄衣，故称之为“衣”。

（7）金银鳞锦鲤。金银鳞锦鲤是通过不断杂交得来的，全身有金色或银色鳞片且鳞片上有多棱反光面，闪闪发光，如果鳞片在红色斑纹上，呈金色光泽，则称金鳞锦鲤；在白底或黑底上，呈银色光泽，则称银鳞锦鲤。

（8）黄金锦鲤。黄金锦鲤是鱼体全身为单色金黄的锦鲤。山吹黄金锦鲤鱼体呈纯黄金色，能发出金黄般的光芒；橘黄金锦鲤鱼体为纯橘黄色；灰黄金锦鲤鱼体为银灰色；白金锦鲤鱼体为银白色。黄金锦鲤常用于与各品种锦鲤交配而产生豪华的皮光鲤。

（9）花纹皮光鲤。除写鲤系（白写或绯写系统的鲤鱼）以外的鲤鱼与黄金锦鲤交配产生的锦鲤，皆可称为花纹皮光鲤。它们通常有两色以上的花纹，如金银二色斑纹的锦鲤称贴分；橘黄与白金二色斑纹的锦鲤称山吹贴分；呈松叶斑纹的贴分称贴分松叶。在德国系统的山吹贴分或橘黄贴分之中，侧腹部有漂亮波形或斑状花纹的称为“菊水”，其全身以白金为底，尤其头部与背部银白色特别醒目；菊水中背部鳞片覆鳞特别光亮的，称“百年樱”。

（10）光写锦鲤。光写锦鲤是写类的锦鲤与黄金锦鲤交配产生的，其体表有闪亮的金属光泽，色斑与写类相似，有大块斑纹。

（11）丹顶锦鲤。头顶有圆形红斑，而全身无红斑者，称为丹顶锦鲤。例如，丹顶红白锦鲤全身雪白，仅头顶有一块鲜艳的红斑，边缘清晰，并且红斑越大越好，而不沾染到眼边或背部，则为上品；红斑也可有不同形状，除圆形外，还有呈梅花形的“梅花丹顶”，呈心形的“心形丹顶”等。

（12）变种鲤。按锦鲤的 13 种分类法，除其中 12 种有出处的品系以外，其他品种都归属为变种鲤。变种鲤是指鲤在繁殖和杂交过程中，改变了鲤的原有特征，形成新的、体色并不固定的品种。例如，全身漆黑的乌鲤、全身呈明亮黄色的黄鲤、全身茶色的茶鲤、全身呈黄绿色的绿鲤都被称为变种鲤。若红斑不集中呈块，而是在鱼鳞上呈一片一片红斑的状态，称为鹿子花样，根据品种的不同，有鹿子红白、鹿子三色和鹿子昭和，都是变种鲤。

（三）发展现状

日本为锦鲤的发扬光大做出了不可磨灭的贡献，使之成为风靡全球的高档观赏鱼。世界各地还成立了许多锦鲤俱乐部和品鉴会，对全世界的锦鲤交流起到了重要的推动作用。

我国现代锦鲤养殖业于 1983 年兴起，至今已初具规模。国内的锦鲤养殖场数不胜数，基本各地的水族市场皆有锦鲤销售。同时，崇尚吉祥的国人因锦鲤美好的寓意，对其接受度极高，锦鲤也得到了越来越多的人的喜爱，形成了庞大的消费群体。其观赏价值和经济价值更是不断提升，有些名贵的品种甚至可以达到一尾数十万元的价格。

二、文化内涵

最初日本贵族认为锦鲤有一种以力称雄的武士风范，就算被置于砧板之上也不会挣扎，具有泰然自若、临危不惧的魄力与风度，再加上锦鲤寿命极长，能活 60～70 年，寓意吉祥美好，相传能为主人带来好运，因此锦鲤在日本被推崇为“国鱼”，常作为国际交往中互相馈赠的珍贵礼品，被视为和平、友谊的象征。

在中国，人们视锦鲤为好运鱼。随着互联网的发展，国人逐渐创造出了中国特有的锦鲤文化。通过商家的营销活动和网络用户的传播，网民们对锦鲤的形象进行了再创造，使锦鲤这尾鱼完全跳出了传统意象，而成为一种特定的文化符号。最早在网络中使用锦鲤形象的是公共社交媒体新浪微博上出现的用于“拜锦鲤，求好运”的博文配图。

2018年，“网络锦鲤”文化现象大爆发。此时，锦鲤不再单单以鱼的形象出现在大众视野中，在锦鲤代表好运的寓意下，网民们用锦鲤来比喻幸运者，出现了“锦鲤真人化”的趋势。第一个真人“锦鲤”来自某选秀类综艺节目，选手杨某某自称是凭借运气取得了较好的成绩，在网络上爆红。一张她食指并拢、其余手指交叉握紧，面带微笑，双眼紧闭，身后还有佛光四射的祈祷表情图被网民疯狂转发，希望她的好运能降落在自己身上，因而杨某某就成为国民的“人形锦鲤”。自此时起，真人锦鲤图已不见鱼的元素，锦鲤内化成为一种代表“幸运”的文化符号。

如果说“锦鲤大王”以及“锦鲤杨某某”都是网民自发的创作活动的话，那么由中国互联网巨头、第三方支付平台——支付宝在2018年国庆期间发起的随机寻找“中国锦鲤”活动就可谓是自上而下的网络狂欢，也是一次成功的品牌公关和营销[①]。活动规定，只要转发指定的微博，微博官方就会用唯一抽奖平台抽出一人，获得由200多家支付宝全球合作伙伴共同参与、价值逾百万的礼包。微博用户“信小呆”以三百万分之一的概率成为这个幸运儿，变为微博官方认证的“中国锦鲤”。

“杨某某”和“信小呆”的火爆使“锦鲤”完成了真正意义上的鱼到文化符号的演变。网络上立刻掀起了“转发锦鲤”的热潮，此时的“锦鲤”以“图像+文字”的方式在社交平台上开始以病毒增殖的速度传播[②]。网民们常以时下较火的影视剧或社会热点的主人公为创作对象，将这些本身就带有鲜明特征的人物图片，配以文字，作为“锦鲤”供大家转发求得像这些主人公一样的“好运气”，配文句式一般为“转发这个×××，你就会×××”。这些“锦鲤”表面上是生活中某方面的“幸运者”，实则满含网民的反讽、调侃、抵抗之意，因而在微博、微信、QQ空间里被网友疯狂转发，俨然已成为年轻一代人日常

① 孙梦琼，《狂欢理论视角下的“网络锦鲤”现象研究》，浙江大学，2019年。

② 屈雪花，王青，《图像符号学视角下的“转发锦鲤”行为研究》，《新媒体研究》，2019年，第1期，第4页。

交际的重要组成部分[①]。2018年12月19日，“锦鲤”一词入选国家语言资源监测与研究中心发布的“2018年度十大网络用语”，开始泛指在小概率事件中运气极佳的人，“锦鲤”彻底走红。随后，支付宝“锦鲤抽奖”的营销活动还成为诸多商家争相模仿的对象，商家借助人们“锦鲤即好运”的心理，用物质奖励吸引消费者的目光，各式各样的转发抽奖活动接踵而至，“锦鲤抽奖”成为一种新型的营销手段。而且，运营“锦鲤求好运”形象的社交账号实则没有门槛限制，成本也极低，借助发布“转发锦鲤”主题的博文还可给商家自身增加关注度与转发量。线下亦如此，在生活中很多商店举办促销活动时都能见到诸如“锦鲤就是你”“遇见锦鲤”的广告语和活泼可爱的鲤的形象。可见，锦鲤文化已从过去比较小众、门槛颇高的休闲审美情趣，正式被大众所接受，以图像、文字的方式融入了大众生活。

网络上有不少观点认为“转发锦鲤祈愿”是不劳而获的心理在作祟，是企图通过转发、点赞就能坐等好事降临在自己身上，实则不然。细观“转发锦鲤”的许愿内容，大多为“希望考试通过”“希望考上理想的学校”“希望通过面试”“保佑父母身体健康”“希望爱情幸福美满”“希望工作顺利”“希望自己能快乐一点”……由此可以看出，通过“转发锦鲤”希望自己能获得好运的，主要集中在正在面临学业压力、考试压力和工作压力的年轻人群体，那么“转发锦鲤”是否与社会压力有关就成为我们必须思考的问题。

有学者认为，以“锦鲤祈愿”为表征的“日常迷信”行为是产生于当代青年的网络空间中的俗信，它有着明显的青年亚文化风格[②]。青年亚文化是指主要由年轻人群体创造的、与父辈文化和主导文化既抵抗又合作的一种社会文化形态，对成年人社会秩序往往采取一种颠覆的态度，既包括轻松、自由和愉悦的思想倾向，又具有消极的反叛、情绪发泄等外在特性。事实上，真正将考试通过、工作顺利、爱情美满等希望完全寄予于锦鲤的人少之又少，人们更不会因为转发了锦鲤就真的放弃努力、等待不劳而获，而只是将对美好生活追求的愿景寄托在了锦鲤的身上；更有不少人其实并不相信拜锦鲤就可以让自己获得

① 赵光亚，元丹，《关于新媒介下锦鲤文化的研究综述》，《新媒体研究》，2019年，第12期，第22页。

② 梁坤，《“锦鲤祈愿”与“日常迷信”——当代青年网络俗信的传播社会学考察》，《新闻研究导刊》，2018年，第4期，第45－60页。

好运，参与这场“锦鲤狂欢”只是出于不被群体抛弃的社交需要。因此，透过青年人争相通过“拜锦鲤”“转发锦鲤”求好运的现象，我们应当看到的是青年人对当下社会生活的焦虑和压力，祈愿行为就是一种外在表现[①]，他们选择通过各种各样的调侃、戏谑、讽刺来表达自己的感受，为生活中的不如意寻找宣泄的出口以达到娱乐和放松的目的，并继续对未来的自我实现和美好生活抱有期待并付出努力。目前，中国的“锦鲤文化”正处于发展阶段，随着社会生活的发展，“锦鲤”的内涵在未来可能还会被不断地拓展，也可能将出现新的“锦鲤符号”。

① 梁坤，《“锦鲤祈愿”与“日常迷信”——当代青年网络俗信的传播社会学考察》，《新闻研究导刊》，2018年，第4期，第45-60页。

第五章　特色鲤文化

第一节　鲤鱼灯舞

我国清代就有以灯为道具舞出文字的“灯舞”记载，逢年过节或在祭祀之时，宫廷和民间往往都会进行灯舞表演。因鲤寓意美好、令人喜爱，民间常以鲤为代表，在舞蹈时手持鲤形状的彩灯，称为鲤鱼灯舞。鲤鱼灯舞作为民间传统舞蹈，寄托着人们“年年有余”“鱼跃龙门”等美好愿望。

各地鲤鱼灯舞来源不一。研究表明，早在春秋战国时期，黎国（今山西黎城县东北一带）的黎姓家族或因仕宦而处，或因避难而居，南徙江苏、广东、广西等地，为我国南部地区带来了鱼灯技艺[①]。后来在两晋南北朝时期、唐代“安史之乱”时期，为躲避战乱、饥荒，中原移民不断带着中原文化南下，在江西、广东、四川、重庆等地形成了各具特色的鲤鱼灯舞。

鲤鱼灯是鲤鱼灯舞的重要道具，尽管各地鲤鱼灯舞稍有不同，但鱼灯制作过程却较为相似。鱼灯的制作是一项涉及竹艺、剪纸、绘画、装裱、雕刻等多门工艺的综合技艺，包括选材、扎架、绘刻、裱糊灯身等环节。在选材上，鲤鱼灯以竹为原材料，需生长2～3年，且生活在潮湿而有阳光照射地方的上等竹子，在冬季砍伐，竹节以稀疏为好。竹具有平安、坚强、正直、高风亮节等美好寓意。扎骨架时，材料要削得细腻而光滑，特殊部位用蜡火烤弯曲定形，保证头、尾、鳍的灵活性。绘图时色彩对比要夸张，雕刻讲究变化性，如刻龙头时头随珠转，身随势旋。裱糊灯身讲究绸布或棉纸的尺寸与框架大小相吻合，不留痕迹，再装上灯。这样做出来的鲤鱼灯形象逼

① 曹翘楚，《“龙化鱼”：南康鲤鱼灯乐舞的历史文化内涵分析》，《歌海》，2015年，第6期，第109页。

真、栩栩如生，在舞蹈时有章法地挥动，再配以打击乐伴奏，非常具有欣赏性。

一、特色鲤鱼灯舞

（一）江西鲤鱼灯舞

江西各水乡广泛流行鲤鱼灯舞，尤以赣南鲤鱼灯出名。赣南鲤鱼灯发源于南康，是由起源于汉代，盛于唐代的宫灯演变而成的。南康鲤鱼灯最早的表现形式为“字姓灯”“去学灯”，以静态的挂灯形式出现。“字姓灯”就是用姓氏制作的灯，因“灯”与“丁”谐音，意为家族“人丁兴旺”；“去学灯”是家长为孩子去学校准备的灯，由教师点亮，称“点光”或“开灯”，寓“前途光明”。在长期的演变过程中，南康鲤鱼灯更加多元化，也更加富有内涵。它们由静态的灯发展为动态的灯，与“龙灯”十分相似。《南康县志》记载了为镇压鲤鱼精用龙头灯引其追逐龙头而成神的传说[①]，因此鲤鱼灯至今仍以龙头灯为首。

南康鲤鱼灯由一个龙头、八尾鲤鱼和一只虾公组成，每年正月初一开始筹备，初二出灯，十六收灯。在活动开始前，要派专人将活动日程送给接灯的村寨或家庭，称“散帖出灯”。领头人即为灯主。初二吃过早饭后，灯主会先带人拿着猪肉、香烛和一只公鸡去神庙祭拜；然后由选举出来的长者执朱石红笔为灯开光，即对着所有灯具一一点划，喻“前途光明”。祭拜后便可开始舞灯，再由德高望重的长辈送灯外出，在游灯过程中只要遇到寺庙都必须敬香鸣炮，喝彩祭拜，祈求风调雨顺，五谷丰登，六畜兴旺。接着要走村串户舞灯，到各家各户恭贺拜年，每到一处群众都放鞭炮迎接。到接灯人家时，要先吟一段祝词，祈求门神佑护主东，称“参神门”。接下来行祭拜礼，进行摆字表演，摆出如“天下太平”“寿比南山”“添丁添财”等寓意美好的词语，称“开财门”。舞灯者还要在主东家的堂厅或厅堂前坪持灯转圈、嗑鳃点头，这是在“扫场子”。正月十六是鲤鱼灯舞表演的最后一天，村民会举行盛大的收灯仪式，将有灵性的龙、鱼、虾送回九霄天宫。先在宗祠备齐香烛、鞭炮，举行祭拜礼，

① 沈恩华，《南康县志》，清同治十一年（刻本），2006年。

礼毕后进行舞龙活动，然后由长辈带领所有男丁持三角彩旗，浩浩荡荡地送龙至河边，把所有灯修补齐、封严，再击鼓喝彩、唱送词，最后对天焚烧，至此活动结束。来年会重新制作新灯，寓“年年新龙（兴隆）”[①]。南康鲤鱼灯舞发展至今已成为南康民间普遍的庆贺活动，每逢正月元宵佳节、大年第一个“圩日”、添丁、祝寿、迁居等喜庆日都要进行不同形式的鲤鱼灯舞表演以示庆祝。

“鲤鱼灯”从赣南兴国、南康沿赣江而下，随移民迁居到吉安县固江镇棚下村，也传入了吉安县。棚下村移民在赣南鲤鱼灯舞的基础上加工、创新，使其演变成了吉安鲤鱼灯。吉安鲤鱼灯与南康鲤鱼灯在造型、内容和表演形式上有诸多不同。吉安鲤鱼灯主要由一个鳌鱼灯、五个金丝鲤灯、八到十个红鲤灯和一个青虾灯组成；鱼体较小巧，全用红、金彩纸层层糊上，作片片鱼鳞，并且用黑色线条勾边，以突出其轮廓，舞动时显得轻盈灵动，栩栩如生。吉安鲤鱼灯与“龙女化鲤”的传说关系紧密，相传南海龙王膝下有七个女儿，平日管束甚严，不许随意出宫。有一年春节，小龙女禁不住人间鼓乐喧天、鞭炮齐鸣的诱惑，想带着姐姐们偷偷出宫。于是，大姐变成一条鳌鱼，小妹化为一只青虾，其他姐妹变幻为金丝鲤鱼，众丫鬟变成数尾小红鲤，她们出海降魔除怪，平息风浪，为人间做了不少好事。龙王得知后十分生气，七位龙女受到了严厉处罚。不久，龙宫喜添龙子，龙王大悦，赦免爱女，六个妹妹变回原身，但受罚最重的大姐却无法恢复原形，最终成为一条大鳌浪迹江河湖海。因此，鳌鱼灯、虾灯、金丝鲤灯和数盏红鲤灯分别与“龙女化鲤”传说中的七位龙女和众丫鬟一一对应，讲述七位龙女出海的故事。目前，完整的鲤鱼灯表演分为 16 个花节：鳌鱼进场、鲤鱼出洞、单拆篾塔、双拆篾塔、斜拆篾塔、双斜拆篾塔、三盏球、漂带、上水翻潭、劈柴、寻食、跳龙门、穿龙门、积塔、团龙、咬尾。整段表演具有很强的情节性和戏剧性，以极为复杂的队形变换和精妙的模仿，展现了鱼群追逐、嬉闹、捕食的欢乐场景，最后以跃过龙门、实现梦想完成整段故事。

据了解，每年春节、元宵节期间吉安人民都会在村口、街道及各户厅堂进行鲤鱼灯表演，还多次走上舞台赴各地进行演出。演出时，舞灯者穿青红色衣

① 张玉菊，《赣南客家民俗体育活动的调查研究》，赣南师范学院，2013 年。

服，用脚尖走碎步，观众只见黑暗中的鱼群时而来回游动，时而上下翻滚，绚丽多姿、流光溢彩，似鲤鱼又不拘泥于鲤鱼，以神胜形；同时，伴以民间吹打乐器，一个花节就更换一种曲牌，音乐与舞蹈情节紧密呼应，激昂热烈，气氛高涨，给人赏心悦目的艺术享受。

（二）大埔鲤鱼灯舞

鲤鱼灯也是粤东客家地区流传广泛的民俗活动。传说禹治水成功后，各地民众热烈庆祝，五尾色彩缤纷的鲤鱼代表水族前来参加庆贺，故鲤鱼灯又名“五鲤跳龙门”。广东大埔的鲤鱼灯舞已有 250 多年的历史。相传乾隆年间，大埔县百侯镇侯南村人杨瓒绪时任陕西按察使，将陕西当地鲤鱼灯带回大埔百侯镇。

大埔鲤鱼灯舞多由儿童和青少年表演，并且人数由过去传统的五尾鲤鱼演出改良为九尾表演，场面更显热闹大气。五尾雄鲤为青色，稍大些，其余四尾雌鲤则是红色，伴随着阵阵锣鼓悠闲漫游或上下翻腾。舞蹈分为“群鲤嬉春”“比比交尾”和“鱼跃龙门”三个小段，展现鱼群在大江中欢悦嬉戏的情景，其中“鱼跃龙门”便是鲤鱼灯舞的代表作。

（三）大足鲤鱼灯舞

大足万古镇鲤鱼灯舞是重庆市的非物质文化遗产，相传产生于唐代。唐代末年战乱不断，社会动荡，人们对过去的安稳生活怀念不已，于是每逢过年过节便制作几个寓意美好富足的鲤鱼灯挂在家门口，以祈求幸福的到来。经过千余年的发展，到清末，鲤鱼灯从最初的挂灯发展为一种特殊的艺术表现形式。据传，大禹在巴蜀地区治水时，曾得到一尾鲤鱼的帮助，鲤鱼送了大禹一幅河图助他治水成功。世人为了纪念大禹和帮助他的鲤鱼，便在农历正月初四祭奠神明时，舞弄起鲤鱼灯表示谢意[①]。由民间自发形成、用于祈福朝拜的宝顶香会节形成后，鲤鱼灯舞也成为其最具特色的一项风俗活动。早期的鲤鱼灯形式简单，鱼灯不像鲤鱼而似泥鳅，也没有专门的配乐，后来经过

① 宋杨川子，《重庆大足地区鲤鱼灯舞舞蹈特征研究》，《艺术百家》，2016 年，第 6 期，第 247－248 页。

几代人的不断完善和改进才有了今天造型精美、构思精妙、谐趣幽默的大足鲤鱼灯舞。

舞蹈全程可分为鲤鱼出草、游戏、冲浪、交尾、跳龙门、长游6小节，其中包含了“鲤鱼抢宝”“龙腾鱼跃”“鱼跃龙门”等经典片段。整个舞蹈抒情优美，模拟了鲤鱼在水中生活的各种自然形态和习性，表演得惟妙惟肖，表现了春光明媚、碧波荡漾、鱼群欢跃的胜景，寄托了人们对吉庆祥和的期盼和年年有余的美好愿景。

二、内涵与价值

目前，鲤鱼灯舞已进入传统民俗体育项目的范畴，是一种集民间舞蹈、鼓乐、手工技艺为一体的民俗文化活动。人们通过模拟鲤的姿态、动作，将美好期盼寄托于鲤鱼灯舞表演之中，使其内涵丰富，寓意深刻。

（一）现实意义

1. 展现佳节庆贺、祭祀祖先的传统风俗

传统民俗活动蕴涵着当地人民的风土人情、宗教信仰和风俗礼仪，是民族历史文化的长期积淀。“鲤鱼灯舞”是展现劳动人民文化生活的一大载体，是民族文化的集中展示，也是民族情感的集中表达。例如，赣南鲤鱼灯舞活动过程中的“开灯”“参神门”“开财门”等，都具有很强的祭祀活动色彩，是民间文化的典型代表。

2. 蕴含原始、朴素的美好期盼

客家的鲤鱼灯舞源于黄河流域的早期渔文化，其文化内涵与仰韶文化中的鱼图腾崇拜有密切联系。传说“夏族以鱼为图腾”，仰韶文化中出土的许多鱼纹图案也能体现出原始社会时期先民崇鱼的思想；古籍有记载有关“河图”的神话，也侧面反映出大禹治水与鱼的关系。人们通过鲤鱼灯舞表达心中原始、朴素的美好情感与期盼。一方面，鲤本身就具有繁殖力旺盛的特点，“灯”又与“丁”谐音，“丁”即人口、成年男性，“火”字旁则表示兴旺、旺盛，故添灯也寓意着“添丁”，蕴含了子孙延绵不绝、多子多福的美好愿望；另一方面，原始社会时期先民劳动力低下，他们将鱼视为保护神，具有超自然的生命力和

神力，能给人的生存带来希望，因而人们通过崇鱼祈求生活能够风调雨顺、无灾无害，祈求获得来自神灵的保护与庇佑。尽管如今人们都知道鱼没有神力，人不会真的像鱼一样拥有旺盛的繁殖力，自然气象也不是鱼能控制的，但是鱼作为特殊文化载体的寓意却被流传了下来，传承了人们盼望多子多福、年年有余、风调雨顺、国泰民安的美好愿望。

3. 表达勇于进取、不畏艰险的精神

“鱼跃龙门”是各地鲤鱼灯表演的高潮部分。它形象地描绘了群鲤向上游前进时骤遇急流恶浪的情景。表演时，整齐的队伍先是在波涛汹涌的浪花中三进三退、勇敢前进，达到舞台的最佳观赏点时，前排的鱼灯迅速从下向上跃动起来并达到最高点，在空中摇曳着曼妙的身姿，然后再快速降落下来，完成“鱼跃龙门”的动作。传统的鲤鱼灯舞多不包含“鱼跃龙门”的情节，这个情节是由后人改革、创新添加上去的，“鱼跃龙门”的典故不但十分适合灯舞，而且主题鲜明、突出，能为鲤鱼灯舞增添艺术特色、深化思想寓意，体现鲤不畏艰险、勇于拼搏、力争上游的崇高精神，同时向观众表达了尽管人生就像“鱼跃龙门”一样曲折艰难，却要勇敢前进的道理。

4. 反映团结互助、和谐凝聚的民风

鲤鱼灯舞是一项需要与同伴合作的活动，表演时，龙首或鳌鱼、鲤和虾各司其职，队形复杂多变，对整体配合的要求高，舞灯者不但要牢记自己的走位，还要与同伴配合默契，齐心协力将整个灯阵移动得如行云流水，热闹而不失秩序，从而展现出当地团结协作、和谐凝聚的民风。鲤鱼灯舞不只在庆祝民俗节日时表演，还是贺寿、为聚会助兴的仪式，出灯前的仪式多由村里德高望重的长者来主持，体现了尊老、敬老的良好传统。

（二）现存价值

鲤鱼灯舞在广东、江西、重庆先后被列入省级、国家级非物质文化遗产保护名录，具有很高的艺术、文化、社会和经济价值。

1. 鲤鱼灯舞具有艺术价值

作为一种民俗舞蹈，舞蹈艺术价值是鲤鱼灯舞的核心价值。舞灯者在舞鲤鱼灯时，必须要做到“心中有鲤鱼，眼中有鲤鱼，手中有鲤鱼”，即心中要有鲤鱼生动活泼的形象，眼睛要时刻注意鲤鱼队形的变化，舞灯的手法要准确、有韵律，尽可能地模仿鲤鱼的姿态，使舞蹈姿态优美、惟妙惟肖、灵活轻快，整个舞蹈表演节奏紧凑、一气呵成。另外，灯具的制作工艺十分讲究，从选材、扎架到雕刻、绘图，融合了多种技法、工艺和装饰技巧，如竹篾编织要求方圆周正、光滑细腻，彩绘技法要求跃然纸上、活灵活现，剪纸艺术要求栩栩如生、生动传神，裱糊工艺要求光滑平整、不留痕迹，因此鲤鱼灯也促进了民俗文化和民间工艺的发展。

2. 鲤鱼灯舞具有文化育人价值

鲤鱼灯舞所表现出的文化内涵源远流长、丰富多彩，传承着人们心中盼望风调雨顺、国泰民安的美好愿望和不畏艰险、勇于进取的无畏精神。该活动要求舞灯者自身必须有良好的品德。舞灯者要拥有团结协作、谦和礼让的品质，在舞灯的活动中将其展现、传播给大众，使观众学习和感受团结一致、互相帮助、积极进取的精神，进而发扬积极乐观、勇敢向上的精神，从而起到引导与教化的作用。

3. 鲤鱼灯舞具有社会价值

鲤鱼灯舞动作以走、跑、跳、摆、扭为主，注重全身的协调配合，促进人体力量、速度、灵敏、耐力等身体素质的发展，达到强健体魄的作用，从而更好地进行社会活动。同时，开展鲤鱼灯舞民俗文化活动，能够提高参与者的集体荣誉感和社群的归属感，可以促进乡民、宗族和邻里、亲戚之间的社会交往，沟通彼此的人际关系，增强社会的凝聚力，营造安定、祥和的氛围，促进社会和谐与稳定。

4. 鲤鱼灯舞具有经济价值

在发展社会主义市场经济的新形势下，开发和利用文化遗产是整个国民经济的重要组成部分。当前旅游已经成为人们学习和工作之余放松的社会活动，鲤鱼灯舞已具备休闲娱乐的社会功能，蕴藏着巨大的经济潜力，通过有效地利用和开发，面向市场，抓住机遇，提升鲤鱼灯舞的影响，可形成文化产业资本、发展成为区域性文化品牌，从而催生新的行业和产业，促进当地服务业、旅游业快速发展，进而带动就业率和居民收入水平的提高，推动国民经济的发展。

目前，鲤鱼灯舞活动呈现萎缩状态，面临演出人员老化、传承不力等问题，亟待保护。因此，在文化传承危机的面前，我们更应当对其进行充分的挖掘与研究，促进该民俗活动的传承和发展，这对弘扬传统文化、构建和谐社会具有不可磨灭的意义。

第二节　浦源鱼祭文化——人鲤共生

一、浦源鲤鱼溪

（一）历史现状

在福建省周宁县城西 5 千米处的浦源村，有一清可见底的溪流，水深及膝，溪中有上万尾色彩斑斓的大鲤鱼，鱼儿温驯可爱，“闻人声而至，见人影而聚”，得名“鲤鱼溪”。

鲤鱼溪发源于海拔 1 448 米的紫云山麓，自西向东汇数十条山涧清泉奔流而下，峰回水转，经九曲八弯和地势的落差后注入东洋溪，至浦源村村口水势减缓，它的一条支流穿村缓缓流过，俯瞰浦源村，总体呈太极图布局，鲤鱼溪弯曲如太极图阴阳鱼交汇线，全长 600 多米，宽可达 3～10 米。鲤鱼溪所处的浦源村属中亚热带季风山地气候，气候温和，雨量充沛，土壤有机质含量高，环境十分适宜鲤鱼生长。而且，溪水源头在峡谷幽深的山涧之中，数道清泉汇集奔流而下，因此鲤鱼溪的水数百年来都保持洁净，给生长在溪中的鲤鱼提供了充足的氧气和丰富的食物。

南宋嘉定二年（公元 1209 年），河南开封的朝奉大夫郑尚公举家走至吴厝底（今鲤鱼溪下游右侧约 250 米），被这里的秀美景色深深吸引，便带领全家在此开荒种田，临溪而居。为了防止饮用水源被污染或投毒，聪明的郑氏祖先就在这条溪流上筑小坝放养鲤鱼，一是可起到去污澄清水质的作用，二是预防外人投毒，使郑家能够吃上安全的水，鲤鱼便成了村民饮用水的“哨兵”和“守护神”[①]。到了郑尚公的第三代，又迁往现在的浦源村，在周宁这块最富庶的土地上世代繁衍，同时下游的鲤鱼仿佛通人性一般，也游了过来，奠定了浦源村的雏形。大概也正是因为先祖郑氏来自中原地区，鲤鱼崇拜传统根植于郑

① 李洪元，《中国唯一鲤鱼文化古村落 浦源 人鱼相守 800 年》，《福建农业》，2014 年，第 2 期，第 58－61 页。

氏的内心深处，认为鲤鱼是神灵的化身，将鲤鱼视为知己。因此，鲤鱼也越来越多，长得又肥又大。

到了明、清两代，当地的地方政府也开始明文保护溪中的鲤鱼。明代诗人王鸿来此游赏，咏出了“涧水拖兰翠，游鳞逐浪多，羡鱼休唱钓鱼歌。伫看乐时曾似，跃龙梭。喷沫惊芳饵，浮沉滚碧波，青鳍红尾顺行过，点破天机动静，快如何！”的词句赞美鲤鱼溪之美景。

（二）护鱼之法

为了能让鲤在溪中自由快乐地生存，经过长期观察和摸索，浦源村民深谙鲤的习性，为保护鲤鱼做了很多事。他们用鹅卵石“垒街堤、铺幽径、设流坎”，增加溪水活性，给鱼创造逆水排卵繁殖的优良环境。每年春天，地处江南地区的周宁县浦源村有一段雨季，这时候常常会有洪水袭来，洪水严重时会冲垮闸口的栅栏，危及溪中的鱼。为防止鱼儿被水卷走，村民常到闸口的栅栏察看，共议护鱼之法。下暴雨的时候，鲤鱼们会衔住溪中水草，防止随波而去，人们就在溪边种植水草以便让鲤鱼衔住；沿溪建房时会在地下修建“L”形的下水道以便鱼儿躲藏，等水退了再将其放生；村民还会制作大竹栅栏，横在鲤鱼溪的下游，栅栏上再套上鱼篓，这样鱼便不容易被水冲走。如果有些鱼还是不幸被冲到下游的水田上，村民们也会自发到田野里把鲤鱼冲洗干净，送回溪水中，若鱼儿受伤，就先将其安置在家里的大木桶中，用祖传配方的中草药喂养一段时间，待鱼儿恢复后再放回鲤鱼溪中。为了防止外人偷盗，过去的浦源村就像一个城堡，每个交通要道都设有大门，晚上大门关闭，外村的人便不能随意进出。村中还有研习拳术的拳术师傅，村民们多少会些拳脚功夫，有的还身怀绝技，这些对鱼溪的破坏者起到了一种震慑作用；村中还流传着上百年的南少林虎桩拳，传说虎桩拳和历史上村民护鱼有着极为密切的关系，遗憾的是现在只有少数老人会这套拳法，虎桩拳几近失传。

村民们严守族规，代代相传800余年，形成了这样一条美丽的鲤鱼溪。溪中鲤鱼和人十分亲近，听到人声、见到人影就会靠拢过来摇头摆尾；若人投食入溪，它们还会欢腾跳跃，争相逐食，如果用手去触摸鱼，鱼儿就会很温驯地让人抚摸。后来，人们修建了造型独特的观鱼亭台和水榭小桥，打造了“鲤鱼溪公园”，并将郑氏宗祠等重要设施重新修葺，古迹新资相映成趣，构成一幅人鱼同乐、妙趣横生的天然画卷，成为令人神往的观鱼胜景。

二、鱼祭文化

（一）鱼塚

溪中的鲤鱼自然衰亡或遭遇意外死亡后，村民会为其举行葬礼，并将鱼投入鱼塚中安息。鱼塚位于鲤鱼溪下游鱼塘边的土丘上，四周是稻田，鱼塚正面朝着鲤鱼溪和郑氏宗祠，两旁有两株郁郁葱葱的古柳杉环抱在一起，一棵苍劲挺拔，另一棵枝叶丰满，犹如一对生死不渝的夫妻，人称“鸳鸯树”。两树之间立着一块石碑，上书“鱼塚”二字。1986 年，浦源村人对鱼塚进行了重修，塚用鹅卵石堆砌而成，呈圆拱形，至今塚内已经埋葬了 800 年间数以万计的鲤鱼。

自从郑氏祖先定下族规后，鱼葬的习俗就被传承了下来。举行鱼葬仪式时，全村老少都会前来参加葬礼。葬礼由村中的长者们完成，长者身着长袍马褂，前方以锣鼓打头，一德高望重的老者端着盛放鱼体的托盘紧随其后，后面跟着举彩旗的队伍，沿着鲤鱼溪缓缓行至鱼塚旁。塚前石案、香炉、贡品等祭祀物件一应俱全，周围站满人，鸣炮敲锣后，鱼祭司会庄重地高喊“年丰日历，日吉时良，鱼祭仪式正式开始”的念词，葬礼便开始了，周围喧闹的人声也随之消失。首先，鱼祭司会神情凝重地把放置鱼体的木盘，缓缓地放在鱼塚之上，接着鸣炮三声，鸣锣三声，再点上三炷香，敬上三杯酒，三拜九叩之后，便会由鱼祭司宣读祭文，诵毕，重新燃放鞭炮，敲响锣鼓，将鱼葬于鱼塚中，再点香烧纸钱，人们屏声静气，场面隆重不亚于为逝去的亲人下葬。

（二）鱼祭文

《祭鲤鱼文》

时维

公元某年岁次某月某日，鲤鱼溪人谨以三炷馨香、三卮清酒致祭于

鲤鱼之亡灵而祷告之曰　溯吾

先祖为澄清溪水而放养汝类，螽期繁衍，遂以涧里鳞潜而蜚声遐迩，迄兹

八百春秋。人谙鱼性，鱼领人情，患难与共，欢乐斯同。洋洋乎吹萍唼藻，悠悠哉喷沫扬鳍，聚水族之精英，钟山村之秀丽。纵来吕尚，不敢垂纶；倘莅冯獾，无由弹铗。罔教竭泽，若个敢烹！伫看云海飞腾，奋三千之气势；正待龙门变化，开九万之前程。奈何天不永年，遽尔云亡，人非草木，孰能忘情！衔悲忍痛，瘗汝魄还，招尔魂兮，以表吾侪博爱，惟祈汝裔蕃昌。伏惟

尚飨

峬源鲤鱼溪人同挽

这篇祭文不知何人所写，由鲤鱼村人代代相传，流传至今。全文 200 余字，文简而意赅，语短情长。“洋洋乎吹萍唼藻，悠悠哉喷沫扬鳍”，生动地描绘了鲤鱼在水中吃食、游动可爱的样子；又以“聚水族之精英，钟山村之秀丽”赞鲤鱼是水产动物中最宝贵的动物，是浦源村最秀美的东西；最后运用“鱼跃龙门”的典故，夸赞鱼游动时劲健的气势，以及能直上九万里的远大志向，“伫看云海飞腾，奋三千之气势；正待龙门变化，开九万之前程”可谓生花妙笔。从字里行间，我们还可以读出先人们爱鱼护鱼的智慧，很多先进做法到今天仍在提倡。第一，先人的环保意识十分鲜明，800 年前，鲤鱼溪先人放养鲤鱼的目的十分明确，就是为了“澄清溪水”，保护饮用水之水源不受污染。第二，在环保意识的基础上，鲤鱼溪具有追求和谐的自然观念。在鲤鱼溪，人了解鱼的特性，鱼也温驯地与人亲近，人鱼之间乃至人与整个自然环境之间都可以和谐共处，达到“患难与共，欢乐斯同”的境界。第三，在护鱼面前，所有人都是平等的。在鲤鱼溪，不管地位多高，名气多大，哪怕是历史上最喜欢、最擅长钓鱼的姜太公到鲤鱼溪也不能钓鱼，最爱吃鱼的冯獾[①]到鲤鱼溪也不能因吃不到鱼而弹剑唱歌发牢骚。护鱼人人有责，谁也不能例外。第四，鲤鱼溪人具有深切的感恩意识，浦源村因为鲤鱼的保护才得以繁衍壮大，而因村民们深知“饮水思源”，故坚持护鱼 800 年，祭文中先人真挚地感叹：“人非草木，孰能忘情！”这种知恩、感恩的朴素情感到今天仍是促进社会和谐的重要因素。村民还以“衔悲忍痛”表达了自己对死去的鲤鱼的深切哀悼和期望鲤鱼能世代繁衍下去的美好愿景。在祭文末尾，则采用了古时写给亲人祭文的重要格式“伏惟尚飨”，来表明自己以最虔诚恭敬的样子，希望鱼儿能享用供奉的

① 又作冯谖，战略家，战国时期齐国人，是薛国（今滕州市东南）国君孟尝君门下的门客之一。

祭品。重要的是，采用“伏惟尚飨”这一格式特别要求被祭的对象一定是有灵魂的，尽管受祭的对象死去了但人们相信灵魂还在，因此先人做这篇鱼祭文一定是认为所祭之鱼是有灵魂的，乃至万物皆是有灵的，这便体现了鲤鱼溪人对生命的尊重。

浦源鲤鱼溪的鱼祭文化根植于当地的自然和历史，护鱼已经成为当地居民生活的一部分，并且成为他们的风俗习惯和精神信仰。浦源村淳朴的爱鱼之风陶冶着人们的情操，净化着村民和游者的美好心灵。

第六章 鲤文化之新生

作为食物来源，鲤鱼为人类体质和智力发展提供了丰富的营养；作为民间崇拜物，鲤鱼是原始社会时期先民的精神信仰与寄托；作为特殊意义的象征物，鲤鱼激发了文人的创作灵感，丰富了文人的艺术作品。自古以来，中华传统鲤文化始终蕴藏着生生不息的发展活力，并随着时代的进步不断获得新生，在历史的长河中留下独特的印迹。

第一节 产业应用

中华传统鲤文化进入现代社会，正在经历着由社会制度、价值取向、生活方式引起的各种变化和碰撞。目前，鲤鱼产业的生产和经营方式也越来越多地吸收着鲤文化的营养，构成经济增长和产业发展的“软实力”。

一、休闲渔业

2019 年 2 月，农业农村部印发了《关于乡村振兴战略下加强水产技术推广工作的指导意见》(以下简称《意见》)，指出要推进渔业文化发展，助力乡村文化振兴。弘扬传统渔文化，就需要做好传统渔文化的挖掘、保护和传承，积极引导各地通过观赏鱼大赛、垂钓比赛、饮食文化节、放鱼节、开渔节、美术摄影比赛等活动形式，促进观赏、餐饮、民俗、休闲等传统渔文化的保护和传承。

1. 通过文化景观展示鲤文化

休闲渔业园区内的景观都可借鉴或融入鲤文化元素进行设计，如展现鲤品种的文化长廊，渔人码头、垂钓平台、休息亭、亲水栈道、稻鱼生态园等文化景观，以及利用鲤跃动形态来建造的雕塑等。

2. 通过古代艺术作品来传播鲤文化

从古至今，鲤文化很大一部分是通过文人墨客的诗词、书法、美术作品流传下来的，渔业园区可以利用与鲤相关的诗词、绘画、剪纸、年画、图腾、雕塑来丰富和提升园区自身的文化内涵。可将经过简化、抽象化的鱼纹、水纹，如渔业留存的符号、水纹、波浪、螺纹等纹样运用到平面铺装布局上。比如，可以在房屋外墙展示渔业园区的标识，在室内墙面印刻与鲤相关的成语典故、悬挂书画及鱼拓作品，在窗户上贴上鲤鱼跃龙门的剪纸。房屋或客房均可以用与鲤相关的词语命名，还可张贴与鲤相关的牌匾、对联，并可以与当地诗词协会、书法协会、艺术组织合作，以鲤文化为主题，开展诗词、书法、写生和摄影创作比赛。

3. 通过渔具渔法和捕鱼体验带动渔业发展

发挥区位优势，大力发展乡村旅游，让游客体验用传统渔具捕鱼的生活方式，突出渔家乐、渔家生活体验等项目，展现渔猎文化的无限魅力，以此带动渔业经济的发展。

二、文创产业

目前，文创产品越来越受人们喜爱，鲤形象的文创产品也得到了更多认可和追捧。它们是依靠创作者的聪明才智，借助现代科技手段对文化资源、文化用品进行创造与提升，通过知识产权的开发和运用，而生产出的具有特殊象征意义又兼具美观和实用性的产品。这类产品在销售的同时也能起到文化普及和传播的作用。如何对鲤文化进行元素提取和利用是打造鲤文创产品的核心问题。在进行鲤文创产品的设计时，首先要了解鲤的各类故事，从中提取文化元素和美学内涵，然后对其进行联想与延伸，用现代的审美理念对传统的文化元素进行解构或重组，展现鲤文化的精髓。

2008 年北京奥运会吉祥物福娃之一贝贝，其设计理念来源于我国传统的鱼和水的图案，贝贝的头部纹饰使用的就是我国新石器时代的鱼纹图案。“鱼”和“水”的图案是繁荣与收获的象征，贝贝代表鱼、水、智慧、善良与纯洁，是水上运动的高手，并与蓝色环形相互呼应，展示和传递了繁荣及收获的美好祝愿，是典型的对传统文化再创造的作品。

“鱼跃龙门”的典故是经久不衰的创作主题，根据其奋发向上、飞黄腾达的含义，人们将波涛汹涌的浪花和跳跃的鲤进行有创意的组合，设计出各种各样“鱼跃龙门”的居家摆件、饰品（图 6－1）和实用的办公用品，激励人们若在学习、工作、生活中遇到压力和挫折，要迎难而上，奋勇拼搏。

图 6－1　木质鲤鱼手绳

近些年，锦鲤文化大热，锦鲤主题的文创产品也得到年轻人青睐，各类用品层出不穷，如故宫博物院出品的锦鲤马克杯、锦鲤帆布包、锦鲤纸胶带、锦鲤木质书签、锦鲤团扇、锦鲤钥匙扣（图 6－2）、锦鲤胸针（图 6－3）、锦鲤封面的记事本和手机壳、锦鲤茶杯垫，甚至还出现了以锦鲤为主题的化妆品和食物，这些产品包装外观精美，具有浓厚的中国风，如樱花锦鲤金属书签采用了镂空与填彩的设计，红白锦鲤与昭和三色锦鲤交相辉映，搭配以蓝色的水波纹，粉色樱花作点缀，金色金属环围绕成一圈，再缀以樱花吊坠，配色明亮，层次丰富，设计者用樱花的纯洁、高尚来代表爱情与希望，以背高体阔、身形俊秀的锦鲤来表达前程似锦、福运临门的美好寓意；锦鲤主题的纸胶带可以百花与锦鲤搭配，显得华贵而精美，寓意期待繁花似锦的明天；锦鲤糕点突破了传统糕点的样式，采用彩色卡通的锦鲤形象，尾部稍微弯起，造型活灵活现，并以“幸运符”糕点为设计内涵，自食送礼两相宜。故宫还出品了一盏“开运锦鲤纸雕灯”，将“鱼跃龙门”的形象与锦鲤美好的寓意相结合，灯整体呈细弯月状，下方是浪花与跳跃的锦鲤，上方悬挂以黄色灯球，采用高精度微雕工艺，兼具了美观、实用与环保的功能。

图 6-2　锦鲤钥匙扣

图 6-3　锦鲤胸针

三、餐饮业

因黄河鲤的地域标志性，鲤鱼成为黄河流域地区餐饮业的热词。河南知名品牌“阿五黄河大鲤鱼”以其对河南鲤文化独特的解读与传承，致力于将黄河鲤打造为属于河南的美食名片（图 6-4、图 6-5）。“阿五黄河大鲤鱼”选用的鱼来自北纬 34°鲤鱼黄金生长带，用地下 20 米黄河沙滤活水养殖；小鱼前 3 个月用豆浆喂养，以增强其免疫力；养殖密度低，每亩只养 1 600 尾左右；养殖周期长，一般 1 千克左右的鲤鱼需要 2 年以上才能长成；在养殖过程中还要停食 80 天，以减少其腹间脂肪，增加肌间脂肪，其成鱼体形修长、金鳞赤尾，每一条鲤鱼都有自己专属的“身份证”（图 6-6）。2017 年，其创办者樊胜武先生在联合国总部独立完成了 300 份红烧鲤鱼的制作，得到了人们的一致好评，为国家争得了荣耀，红烧鲤鱼也首次登上联合国宴会菜单。樊胜武与中国烹饪大师李保军及多位名厨根据“无鱼不成宴，无鲤不成席”的俗语潜心研发了“全鲤席”，用来象征成功、拼搏、富裕和吉祥，供食客逢年过节、寿诞嫁娶、升学乔迁、宴请宾朋时飨用。2007 年，河南阿五美食有限公司在郑州成立

图 6-4　河南省郑州市阿五黄河大鲤鱼门店（1）（聂国兴摄于河南省郑州市）

图 6-5　河南省郑州市阿五黄河大鲤鱼门店（2）（聂国兴摄于河南省郑州市）

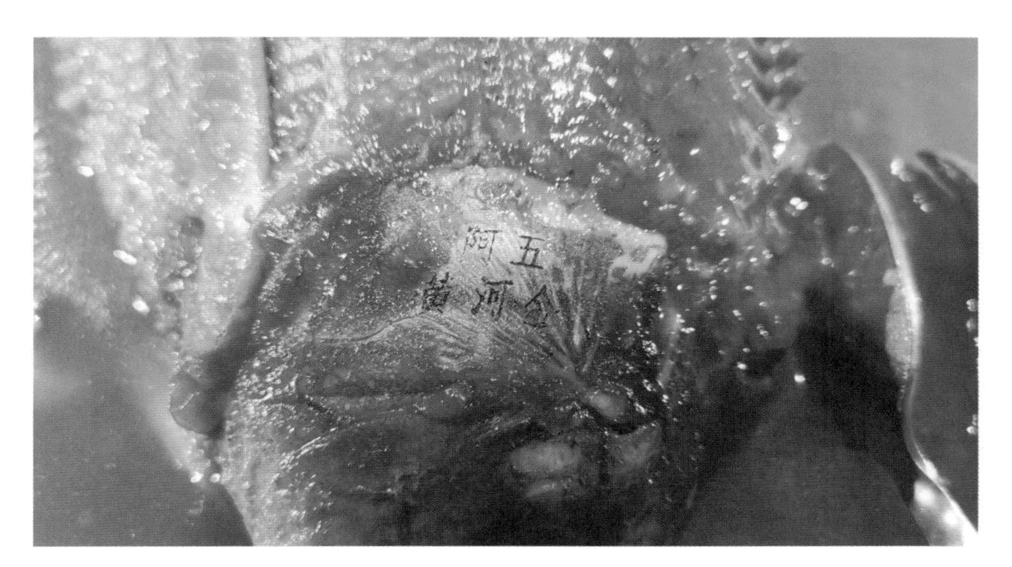

图6-6 每尾鲤头都印有“阿五黄河金”字样（聂国兴摄于河南省郑州市阿五黄河大鲤鱼门店）

了中华（阿五）厨艺绝技表演团，表演团由数位身怀绝技的烹饪大师组成，演出包括人背剁肉馅、大腿上切肉丝、空手炒菜、糖艺作画、一根面、果蔬演奏、拉链鲤鱼、调料书法、吹面大气球等令人叹服的绝技，曾先后在美国、英国、法国、马来西亚等十几个国家表演，并先后在中国厨师节、香港回归十周年、澳门回归十周年、澳门美食节、上海世博会等重大活动中表演，受到社会各界的广泛关注和高度认可，已成为中国美食对外交流的一张文化名片。

“黄河金”牌黄河鲤也是河南在水产领域的领军品牌，从品牌名称到经营方式都彰显着悠久浓厚的鲤文化内涵。“黄河金”的标志独具特色，这 3 个字整体颜色采用中国红，辅以金黄色的黄河鲤图形；“黄”字下面线条曲折有致，代表着悠悠母亲黄河；“河”字左边的偏旁部首用一尾黄河鲤及其冒出的水泡来代替，寓意黄河水孕育着黄河鲤，“黄河金”所用黄河沙滤活水养殖黄河鲤鱼，而鲤鱼吐出的水泡像珍珠一样，寓意至臻美味；“金”字设计成中国传统文化中玉如意的图案，也与鲤鱼一样寓意着吉祥如意，同时代表了“黄河金”牌鲤鱼品质如金，企业诚信如金，在彰显传统文化主色的同时，传达出“黄河金”鲤鱼如金子般珍贵的特质。在产品的经营上，“黄河金”采用了以文化带动产品发展的营销策略，将“卧冰求鲤”“童子抱鲤”和“鱼跃龙门”的典故运用在包装设计中，推出“鲤孝为先”“年年有鱼”“鱼跃龙门”等主题包装，为其提升附加值。

四、服饰产业

在现代服饰中，鱼嘴鞋深受女性的喜爱。鱼嘴鞋的鞋头顶端有一块鱼嘴形镂空，能够刚好露出一两个脚趾，显得端庄斯文又不失活泼。鱼尾裙、鱼纹服饰也逐渐进入时尚和潮流的领域。2007 年 6 月，在巴西里约热内卢时装周上，设计师卢恰纳·加列奥的 2008 年春夏作品借鉴了中国传统服饰的式样，大量使用鲤鱼图案，整组作品具有浓郁的东方色彩。2015 年，服饰品牌 Katie Eary 发布的春夏系列男装采用了鲤鱼和火烈鸟的元素，衬衫、牛仔衣色彩鲜亮，印花大胆，图案包括对称的红色双鲤鱼、具有艺术感的鱼骨和排列整齐的半圆形鱼鳞，Katie Eary 的这一系列男装使鲤鱼纹一度成为十分流行的设计图案。

第二节　未来潜力

我国拥有丰富的渔文化资源，其中鲤文化历史悠久、底蕴深厚，从鲤鱼不但是逢年过节的必需品，而且又极具象征意义的特点来看，鲤产业在国内的发展潜力巨大，是开展文化旅游的理想主题。尤其是当前大热的锦鲤文化颇有向主流文化发展的趋势，每当商家有以“锦鲤”为主题的产品推出时，总能引发消费者的热情，于是众多企业纷纷效仿，为锦鲤这一文化符号带来了广阔的发展前景。锦鲤文创产业的营销手段正是赋予了产品深层次的意义，满足消费者的情感需求。在休闲渔业的开发中，鲤鱼因其吉祥富余的含义和富有动感的跳跃状态而被广泛运用在渔业园区的规划设计中，在未来也会是休闲渔业的必备文化元素。

在目前鲤产业发展过程中，大多数中小型水产企业并没有将鲤文化作为产业发展的一种工具，而是单纯依靠销售鲤产品获得经济效益。市场上可选择的鱼类品种越来越多，鲤肉多刺的特点在众多鱼类中并不占优势，消费者更愿意选择刺少肉多的海水鱼类，这就要求我们不但要从肉质和营养的角度提高鲤鱼的食用价值，还要从文化层面赋予食鲤以深层寓意，促进鲤产业的发展。然而，我国对鲤文化的挖掘和研究还不够深入和全面，专注鲤文化的企业也正处于起步阶段：不但数量少，而且存在企业规模小、开发程度较浅、生产内容缺乏创新、市场不够成熟等一系列问题，能将鲤文化运用于产业发展的企业还很少，多数企业正处于自发的、盲目的发展状态。

我们既是鲤文化的创造者，又是传承者，只有充分地开发和利用好这些资源才能展现出我国的文化产业优势。通过已有的探究，笔者认为，若将鲤文化作为产业和经济发展的一种助推手段，或许可以大大提高鲤产业附加值，进而推动渔业经济的发展，同时有益于传统文化的传承发扬。

1. 加大政府资金与政策支持，转变发展方向

政府强有力的支持是发展中小型养殖场的必要条件。很多中小型养殖场在规模化和正规化经营方面存在欠缺，没有救护措施，没有配套服务，甚至没有专门的道路，周围环境比较差，地理位置偏僻，又缺乏自然的美感，这样的经营方式大多不会得到消费者的持续认可。因此，一方面，政府要加大政策扶持，设立专项资金和贴补政策，以扩大养殖规模，还要争取社会各金融机构的投资和支持，以改善基础设施，改进池塘的硬件条件。另一方面，政府要牵头开发具有鲤文化特色的休闲品牌，引进、经营锦鲤观赏鱼，并与旅游业相结合，打造农家乐、垂钓、旅游、餐饮和住宿一体的休闲渔业产业，建造鲤文化生态观光园，提升水产业的文化附加值，带动水产业持续发展。

2. 加大科技兴渔力度，提高鲤产品质量

水产健康养殖技术是现代渔业建设和渔业健康、持续发展的技术支撑。积极推广健康养殖新技术和生态渔业发展模式，培养专业技术人才，改变养殖户落后的管理思想，提高养殖户的养殖技术，积极引导养殖户向科技含量高、经济效益好、资源消耗少、环境污染少的可持续发展路线前进，实现质量与效益、资源与环境、经济与生态的和谐与协调发展。特别是要解决好在养殖与加工时可能存在的有害物质残留的问题，加强水产品质量标准体系建设和质量监督管理。

3. 打造特色食鲤文化

特色鲜明的地域饮食文化已经成为一个地区的名片，是经济、文化发展的重要支柱产业。食鲤传统具有鲜明的地域性特征，以中原及北方地区为主，包括南方一些有特定习俗的少数民族，因此具有鲤文化特色的餐饮是具有竞争力和吸引力的。在打造特色鲤文化时，要依托餐饮文化产业，如创办“餐饮文化节”等主题美食节，设计鲤主题古韵风格的餐具、明信片等，形成令人印象深刻的文化符号。要延伸饮食文化的产业链条，可与旅游业联动、结合，形成文化产业链。

4. 开设展览与竞赛活动

加强鲤文化相关历史知识的传播，加深民众对鲤文化内涵的理解，尤其是要对青少年进行传统文化的普及教育。例如，可以建造鲤文化博物馆，派专人进行鲤种类的讲解，开展拓鲤形文物、写鲤形文字的竞赛，甚至剪纸、雕刻都可以让青少年亲自动手进行尝试，使鲤文化潜移默化地进入大众心中。

5. 增加鲤文化元素的应用

在现代社会的标志、造型和广告的设计中，一种文化元素的应用时刻展示着自己的理念和文化形象。中国传统文化元素在现代社会运用很多，如汾酒的包装，瓶子通身采用古代青花瓷的色彩和花纹，配以龙纹、荷花纹，风格极为典雅，使人心动。同样，鲤文化元素也可用于现代的商品包装或建筑造型，如人们最常见的公园的长椅、垃圾桶和装饰雕塑，都可以建造成鲤鱼的模样，兼具实用和观赏功能。现代时尚与传统文化的结合会使现代商品和建筑更具有文化厚重感，传统文化也会通过现代设计而受到大众的广泛关注。

6. 传播民间艺术

中国鲤文化的艺术表现是天然淳朴的，它们通常具有自娱性，是逢年过节不可缺少的要素，极能反映民族心理特质，体现民族血脉的传承。在国家大力推动文化发展和增强文化自信的今天，各地区越来越重视挖掘本土的民间文化资源，借此凸显地方特色。因此，为了传承民间艺术，要让当代年轻人重视起来，在他们的业余时间开展舞蹈、手工艺品制作技艺的培训，有效地传播本地的民间艺术，以发挥其应有的社会价值与经济价值。